江苏省新型职业农民培训教材

家禽常见病
识别与防治技术

黄银云　主编

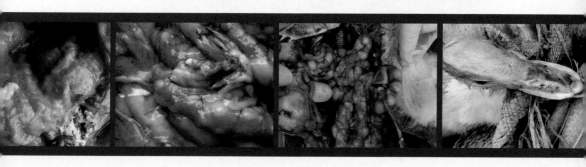

中国农业出版社

北　京

内容简介

　　本教材内容丰富，突出重点，图文并茂，实用性强，通俗易懂，易于操作，全书分为上、下两篇，上篇系统介绍了家禽常见病识别常识、预防常识和驱治常识等内容；下篇详细介绍了家禽常见病毒病、细菌病、其他微生物性传染病、寄生虫病和普通病的识别和防治等内容。

[家禽常见病识别与防治技术]

写在前面的话

乡村振兴，关键在人。中共中央、国务院高度重视新型职业农民培育工作。习近平总书记指出，要就地培养更多爱农业、懂技术、善经营的新型职业农民。2018年中央1号文件指出，要全面建立职业农民制度，实施新型职业农民培育工程，加快建设知识型、技能型、创新型农业经营者队伍。

近年来，江苏省把新型职业农民培育工作作为一项基础工作、实事工程和民生工程，摆到重要位置，予以强力推进，2015年，江苏省被农业部确定为新型职业农民整体推进示范省。培育新型职业农民必须做好顶层设计和发挥规划设计的统筹作用，而教材建设是实现新型职业农民培育目标的基础和保障。我们多次研究"十三五"期间江苏省农民教育培训教材建设工作，提出以提高农民教育培训质量为目标、以优化教材结构为重点、以精品教材建设为抓手的建设思路。根据培训工作需求，江苏省农业委员会科教处、江苏省职业农民培育指导站组织江苏3所涉农高职院校编写了本系列培训教材。

本系列教材紧紧围绕江苏省现代农业产业发展重点，特别是农业结构调整，紧扣新型职业农民培育，规划建设了28个分册，重点突出江苏省地方特色，针对性强；内容先进、准确，紧跟先进农业技术的发展步伐；注重实用性、适应性和可操作性，符合现代新型职业农民培育需求；教材图文并茂，直观易懂，适应农民阅读习惯。我们相信，本系列培训教材的出版发行，能为新型职业农民培养及现代农业技术的推广与应用积累一些可供借鉴的经验。

编委会

2018年1月

编写说明

为适应我国家禽养殖业发展的新形势，满足家禽养殖生产者的需要，编者在查阅大量文献资料及总结教学与生产实践经验的基础上，组织编写成本教材。

本教材为新型职业农民培训的系列教材之一，以基层家禽适度规模养殖场及家庭养殖场（户）为对象，目的是使禽场从事禽病防治技术工作的人员能够具备家禽常见病识别与防治的基础常识和基本技能，能够开展日常卫生管理、家禽常见病的诊断与防治以及常见家禽垂直传播性疾病的净化，并能够协助地方动物疫病预防控制机构及兽医卫生监督机构开展疫情调查、疫病监测、免疫抗体检测等工作。

本教材依据《动物防疫法》有关规定，围绕禽病的预防、控制与扑灭以及治疗、检疫、净化等要求，合理设计编写内容，力求书中的知识、技能能够充分满足禽场禽病防治需要。在本教材编写的过程中，注重内容的科学性、系统性，力求反映现代家禽疾病防控的新知识、新技术、新方法。

本教材由江苏农牧科技职业学院黄银云担任主编，江苏农林职业技术学院赵勇、郭广富担任副主编。全书共分为上、下两篇，八讲，其中上篇由黄银云编写，下篇第四讲由赵勇编写，第五、六讲由郭广富编写，第七讲由江苏农牧科技职业学院李芙蓉、郭广富编写，第八讲由黄银云编写。全书由黄银云统稿，江苏农牧科技职业学院胡新岗教授、周建强教授等人审稿。

在本教材编写过程中，得到了江苏农牧科技职业学院有关领导的关心和支持，在此表示感谢。同时感谢本书参考文献的编著者，对他们为养鸡业的辛苦付出致敬。

由于编者水平有限，书中缺点、错漏之处在所难免，恳请广大同仁和读者不吝指正，敬表谢忱。

编　者

2017年12月

目　录

写在前面的话

编写说明

上篇　家禽常见病识别与防治常识

第一讲　家禽常见病识别常识 ……………………… 2

　　一、从流行特点识禽病 ……………………… 2

　　二、从临床症状识禽病 ……………………… 2

　　三、从病理变化识禽病 ……………………… 4

第二讲　家禽常见病预防常识 ……………………… 9

　　一、建好生物安全体系 ……………………… 9

　　二、搞好兽医卫生消毒 ……………………… 14

　　三、做好禽群预防接种 ……………………… 17

　　四、科学合理选药给药 ……………………… 22

第三讲　家禽常见病驱治常识 ……………………… 28

　　一、合理用药驱杀寄生虫 …………………… 28

　　二、规范用药治疗传染病 …………………… 29

　　三、多管齐下净化蛋媒病 …………………… 30

下篇　家禽常见病识别与防治应用

第四讲　常见病毒病识别与防治 ………………… 32

　　一、禽流感 …………………………………… 32

　　二、新城疫 …………………………………… 35

　　三、传染性支气管炎 ………………………… 40

1

四、传染性法氏囊病 ……………………………………… 44

五、马立克氏病 …………………………………………… 47

六、产蛋下降综合征 ……………………………………… 50

七、禽白血病 ……………………………………………… 51

八、禽痘 …………………………………………………… 54

九、禽安卡拉病毒病 ……………………………………… 57

十、鸭瘟 …………………………………………………… 59

十一、鸭病毒性肝炎 ……………………………………… 60

十二、番鸭细小病毒病 …………………………………… 63

十三、鸭坦布苏病毒病 …………………………………… 66

十四、小鹅瘟 ……………………………………………… 68

十五、鹅副黏病毒病 ……………………………………… 70

第五讲　常见细菌病识别与防治 ………………………… 74

一、沙门氏菌病 …………………………………………… 74

二、大肠杆菌病 …………………………………………… 76

三、禽霍乱 ………………………………………………… 78

四、传染性鼻炎 …………………………………………… 80

五、葡萄球菌病 …………………………………………… 82

六、传染性浆膜炎 ………………………………………… 84

第六讲　常见其他微生物性传染病识别与防治 ………… 86

一、鸡毒支原体感染 ……………………………………… 86

二、禽曲霉菌病 …………………………………………… 88

三、念珠菌病 ……………………………………………… 89

四、鸡传染性滑膜炎 ……………………………………… 91

五、衣原体病 ……………………………………………… 92

第七讲　常见寄生虫病识别与防治 …………………………… 95

　　一、禽球虫病 …………………………………………… 95

　　二、禽组织滴虫病 ……………………………………… 99

　　三、禽绦虫病 …………………………………………… 101

　　四、禽线虫病 …………………………………………… 102

　　五、禽外寄生虫病 ……………………………………… 104

第八讲　常见普通病识别与防治 …………………………… 107

　　一、磺胺类药物中毒 …………………………………… 107

　　二、有机磷农药中毒 …………………………………… 108

　　三、维生素A缺乏症 …………………………………… 109

　　四、维生素D缺乏症 …………………………………… 111

　　五、维生素E缺乏症 …………………………………… 112

　　六、维生素B_1缺乏症 ………………………………… 113

　　七、维生素B_2缺乏症 ………………………………… 114

　　八、禽痛风 ……………………………………………… 115

　　九、啄癖 ………………………………………………… 117

参考文献 ……………………………………………………… 120

上 篇

家禽常见病识别
与防治常识

家禽常见病识别常识

一、从流行特点识禽病

不同的禽病有着不同的流行特点，在感染家禽的种类、品种、性别、年龄及传染病的流行季节、传播途径，发病率、死亡率、病死率等方面均不同。因此，掌握禽病的流行特点有助于识别禽病。

例如，鸡传染性法氏囊病的流行特点：5～7月多发，3～6周龄雏鸡最为易感，感染率高（100%），死亡率低（5%～10%），病程短，有典型的峰式死亡曲线，这是在非免疫鸡群中暴发该病的典型特征。

鸡产蛋下降综合征的流行特点：主要感染鸡，各种年龄鸡均可感染，产蛋时才表现出临床症状；产褐壳蛋的种蛋鸡最易感，产白壳蛋的蛋鸡发病率较低；主要经垂直传播，种蛋和精液均可传播本病。亦可水平传播，但速度很慢。

鸡传染性鼻炎的流行特点：7日龄以上鸡均有易感性；秋冬季节多发；慢性病鸡和健康带菌鸡是本病主要的储存宿主，可能经空气传播；鸡传染性鼻炎常与鸡大肠杆菌病、鸡传染性支气管炎、禽霍乱、鸡支原体病发生混合感染，造成潜伏期缩短、病程延长，鸡群死亡率增加。

二、从临床症状识禽病

临床症状是禽病的外在表现，因此，熟悉临床症状是诊断禽病的主要方法之一。下面以鸡为例，说明检查的方法和程序。其他禽类可参照检查。

1. 鸡群一般状态的观察　在舍内一角或场外直接观察全群状态，以防止惊扰鸡群。注意观察鸡只精神状态，对外界的反应，观察呼吸、采食、饮水的状态及运动时的步态等。正常健康鸡听觉灵敏，白天视觉敏锐，周围稍有惊扰便有迅速反应，活动灵活；食欲旺盛，生长发育正常；羽毛丰满光洁，鸡冠肉髯红润。病鸡表现为鸡冠苍白或发绀，羽毛松乱；咳嗽、打喷嚏或张口呼吸；食欲减少或不食，两眼紧闭，精神萎靡消瘦，蹲伏在鸡舍一角。

2. 病鸡检查

（1）鸡冠和肉髯的观察。正常的鸡冠和肉髯颜色鲜红，组织柔软光滑。如果颜色异常则为病态。鸡冠发白，主要见于贫血、出血性疾病及慢性疾病；鸡冠发绀，常见于急性热性疾病，也可见于中毒性疾病；鸡冠萎缩，常见于慢性疾病；如果鸡冠上有水疱、脓疱、结痂等病变，多为鸡痘的特征；肉髯肿胀，多见于慢性禽霍乱和传染性鼻炎。

（2）眼睛的检查。健康鸡的眼大而有神，周围干净，瞳孔圆形，反应灵敏，虹膜边界清晰。病鸡的眼畏光流泪，结膜发炎，结膜囊内有豆腐渣样物，角膜穿孔失明，眼睑常被眼眵粘住，眼边有颗粒状小痂块，眼部肿胀，眼角膜混浊、失明，瞳孔变成椭圆形、梨形、圆锯形，或边缘不齐，虹膜灰白色。

（3）口鼻的检查。健康鸡的口腔和鼻孔干净，无分泌物和饲料附着。病鸡可能出现口、鼻有大量黏液，经常晃头，呼吸急促、困难，喘息，咳出血色的黏液等症状。

（4）羽毛和姿势变化的观察。正常时，鸡被毛鲜艳有光泽。有病时，羽毛变脆、易脱落、竖立、松乱，翅膀、尾巴下垂，易被污染。正常鸡站卧自然，行动自如。病鸡则出现步态不稳，运动不协调，转圈行走或经常摔倒，头颈歪向一侧或角弓反张等症状。

（5）呼吸的观察。正常鸡的呼吸平稳自然，病鸡应注意观察是否有啰音，是否咳嗽、打喷嚏等。

（6）粪便检查。健康鸡的粪便一般是成型的，以圆锥状多见，表面有一层白色的尿酸盐。常见的异常粪便有以下几种。

①牛奶样粪便。粪便为乳白色，稀水样似牛奶倒在地上，鸡群一般在上午排出这种粪便。这是肠道黏膜充血、轻度肠炎的特征粪便。

②节段状粪便。粪便呈细条节段状，有时表面有一层黏液。刚刚排出的粪便，多为黑灰或淡黄色，水分和粪便分离清晰。这是慢性肠炎的典型粪便，多见于雏鸡。

③水样粪便。粪便中消化物基本正常，但含水分过多，原因有大肠杆菌病、低致病性禽流感、肾型传染性支气管炎、温度骤然降低应激、饲料内含盐量过高、环境温度过高等。

④蛋清状粪便。粪便似蛋清状、黄绿色并混有白色尿酸盐，消化物极少。

⑤血液粪便。粪便为黑褐色、茶锈水色、紫红色，或稀或稠，均为消化道出血的特征。如上部消化道出血，粪便为黑褐色、茶锈水色；下部消化道出血，粪便为紫红色或红色。

⑥肉红色粪便。粪便为肉红色，成堆如烂肉，消化物较少，这是脱落的肠黏膜形成的粪便，常见于绦虫病、蛔虫病、球虫病和肠炎恢复期。

⑦绿色粪便。粪便为墨绿色或草绿色，似煮熟的菠菜叶，粪便稀薄并混有黄白色的尿酸盐。这种粪便是某些传染病和中暑后由胆汁和肠内脱落的组织混合形成的，所以为墨绿色或黑绿色。

⑧黄色粪便。粪便的表面有一层黄色或淡黄色的尿覆盖物，消化物较少，有时全部是黄色尿液。这是肝有疾病的特征性粪便。

⑨白色稀便。粪便白色，非常稀薄，主要由尿酸盐组成，常见于传染性法氏囊病、鸡白痢。

（7）皮肤触摸检查。将头颈部、体躯和腹下等部位的羽毛用手逆翻，检查皮肤色泽及有无坏死、溃疡、结痂、肿胀、外伤等。正常皮肤松而薄，表面光滑，易与肌肉分离。若皮肤增厚、粗糙有鳞屑，两小腿鳞片翘起，脚部肿大，外部像有一层石灰质，多见于鸡疥癣病或鸡突变膝螨病；皮肤上有大小不一、数量不等的硬结，常见于马立克氏病；皮肤表面出现大小数量不等、凹凸不平的黑褐色结痂，多见于皮肤型鸡痘；皮下组织水肿，如呈胶冻样，常见于食盐中毒，如内有暗紫色液体，则常见于维生素E缺乏症。

（8）嗉囊检查。用手指触摸嗉囊内容物的数量及其性质。嗉囊内食物不多，常见于发生疾病或饲料适口性不好。内容物稀软，积液、积气，常见于慢性消化不良。单纯性嗉囊积液、积气是鸡发热的表现或唾液腺神经麻痹的缘故。嗉囊阻塞时，内容物多而硬，弹性小。过度膨大或下垂是嗉囊神经麻痹或嗉囊本身机能失调引起的。嗉囊空虚是重病末期的征象。

（9）腹部检查。用手触摸腹下部，检查腹部温度、软硬等。腹部异常膨大而下垂，有高热、痛感，是卵黄性腹膜炎的初期；触摸有波动感，用注射器穿刺可抽出多量淡黄色或深灰色并带有腥臭味的混浊液体，则是卵黄性腹膜炎中后期的表现。如腹部蜷缩、发凉、干燥而无弹性，常见于鸡白痢、内寄生虫病。

（10）腿部和脚掌的检查。鸡腿负荷较重，患病时变化也较明显。病鸡腿部弯曲，膝关节肿胀变形，有擦伤，不能站立，或者拖着一条腿走路，多见于锰和胆碱缺乏症。膝关节肿大或变形，骨质变软，常见于佝偻病。跗骨显著增厚粗大、骨质坚硬，常见于白血病等。腿麻痹、无痛感，两腿呈"劈叉"姿势，可见于鸡马立克氏病。病初跛行，大腿易骨折，可见于葡萄球菌感染。足趾向内蜷曲，不能伸张，不能行走，多见于核黄素缺乏症。观察掌枕和爪枕的大小及周围组织有无创伤、化脓等。

三、从病理变化识禽病

病鸡尸体剖检是诊断禽病、指导治疗的非常重要的手段之一。通过对鸡尸体病变的诊查、识别与判断，对单发病或群发性鸡病进行判定，为疾病防治提供依据。

1. 收集临床症状　了解临诊情况，包括疾病流行特点、防治措施、治疗效果等。

2. 活禽致死　如是活禽，先检查外观，注意头、爪部是否异常和患外寄生虫病。杀死方法有三种：在寰枕关节处将头部与颈关节断离；用带18号针头的注射器，从胸前插入3.5～4厘米到心脏，注入10～25毫升空气；颈侧动脉放血，但这种方法会影响血液循环障碍的检查。

3. 固定尸体　为防止剖检中羽毛和灰尘污染内脏，应将尸体放在2%～5%的来苏儿药液中浸湿。但应避免药液进入呼吸道，影响病原分离。剖检是对病禽的进一步诊断，病禽的内脏器官和组织常有特异性病理变化。剖检应在病鸡死亡之后尽早进行。病变不典型时，要多剖检几只，以便加以对比、统计和分析。剖检首先切开大腿与腹部间的皮肤，将两大腿分别向外侧转动，使髋关节脱臼，然后将两腿平放，使尸体腹部朝上，平卧于解剖盘中。

4. 肌肉检查　横切腹部皮肤至两侧切口，将腹部皮肤往后翻开，再沿龙骨切开胸部皮肤，向两侧剥离翻开，暴露并检查腹肌与胸肌。沿腹中线从泄殖腔处将皮肤提起剪至下颌，再将皮肤向两侧撕开，充分暴露气管、食管、胸肌和腿肌。

肌肉质地干燥，有灰白色条纹，则表明可能患某些营养物质缺乏症、白肌病；顺肌纤维方向出现条块状出血，多见于传染性法氏囊病；点状出血或弥漫性出血，表明可能是药物中毒或患白血病。

5. 骨关节检查　主要查看长骨、胸骨及膝关节。长骨骨端肥大、肋骨与肋软骨连接处肥大成结节状及胸骨扭曲是佝偻病的特征；膝关节异常肿大且腓肠肌滑落是锰缺乏症的表现；关节囊内含干酪样物质或白色沉淀物，表明可能为关节炎型葡萄球菌感染或痛风。另外，高产或产蛋高峰期的笼养蛋鸡，常发生骨骼疏松，若胫骨、腓骨变软易折，则表明缺钙。

6. 体腔剖开及内表检查　沿胸骨后端至泄殖腔纵向切开腹壁，再沿肋弓向两侧切开腹壁，掀开胸骨，注意观察腹水情况和腹气囊变化。在胸骨两侧与肋软骨连接处，自后向前剪断肋软骨，再用骨剪剪断喙骨和锁骨，手握龙骨向前上方撕拉，割断肝、心与胸骨联系即可暴露胸腔。暴露胸腔后，保持各脏器位置，注意观察体腔内壁、胸气囊以及脏器表面有无异常。

若气囊肥厚混浊、附有干酪样物，表明患呼吸道疾病；感染曲霉菌时，在气囊表面还可见到霉菌结节；腹水混浊常见于细菌性或卵黄性腹膜炎；脏器表面及腹壁内侧有白色絮状尿酸盐沉着，则表明患痛风。

7.病料采取 剥离肝左叶后，向右翻开暴露脾，然后取病料培养，肠道内容物样品应最后采集。如果没有采集血样，而病鸡是在剖检前刚死的，则可在心脏暴露后进行穿刺采血。将脏器移至瓷盘内，从口腔向下分离气管、食管、肠道、心、肝、脾、肺、肾、输卵管等，并逐一进行检查。

8.口腔及颈部检查 剪开一侧嘴角，检查口腔，注意舌、咽、喉、上腭和黏膜的病变。从嘴侧切口向胸部纵行切开颈部皮肤，检查胸腺、食管、气管以及气管两侧的迷走神经。纵行切开食管、嗉囊、咽喉和气管，注意内容物的性状、气味、色泽和黏膜变化。鸭的颈部皮下肿胀则表明可能患鸭瘟。

沿颈静脉向后方，在形成V形的左右锁骨的交汇处，有淡褐色略透明的卵圆形的甲状腺。在甲状腺后方，与之毗邻的位置有小的白色的甲状旁腺。检查时应注意它们是否肿胀。当疑为维生素 D_3 和钙缺乏时，应特别注意观察甲状旁腺的大小。

9.呼吸道检查 呼吸道的检查应注意黏膜是否充血、出血，有无痘疹、坏死及分泌物等。在两眼与鼻孔之间用骨剪横断上喙，检查鼻腔，暴露眶下窦开口前端，用剪刀沿开口侧面纵向剪开窦外壁，检查鼻窦、眶下窦及内容物。正常情况下其内壁应湿润清洁无异物，如果需要可作病原培养。如窦腔内浆液性渗出物增多或有黄色干酪样物，则表明可能患慢性呼吸道病、传染性支气管炎、传染性鼻炎等。

剖开气管，如气管与支气管交界处有白色干酪样栓塞，则为传染性支气管炎病变；喉头、气管有血性黏液，则表明为传染性喉气管炎；喉头、气管有灰白色隆起物（痘疹），或黄白色干酪样坏死物，多见于黏膜型鸡痘。患气囊炎或腹膜炎时，可见气囊混浊、增厚，囊腔内有分泌物；患慢性呼吸道病时，气囊混浊或有黄色渗出物。呼吸系统疾病在上呼吸道各部位通常都有交叉病理表现，必须综合判断。

10.心脏检查 切开心包，查看心包液容量、色泽及渗出物，观察心冠脂肪和心肌的色泽、弹性及有无出血点、肿瘤结节等。患禽霍乱的病鸡常表现为心包液增多、呈黄色，有纤维素渗出，心冠脂肪出血等变化。病程较长的衰竭性疾病，心冠脂肪有胶冻样变性，变性心冠脂肪呈黄色且心肌松弛、苍白。

11.肝的检查 肝的病变主要表现为色泽异常、炎性肿胀、质地变脆及有特殊坏死灶。霉变饲料中毒、药物中毒，患禽霍乱、大肠杆菌病等时，肝肿大、质地变脆、有条纹状出血。除肿瘤疾病外，肝有坏死灶则表明可能患细菌性疾病；肝有出血点常表明可能患病毒性疾病。

许多疾病在肝表面都有特征性坏死灶，如患禽霍乱家禽的肝表面有多量灰白色、针尖大小的坏死灶；盲肠炎（组织滴虫病）的肝表面有中间凹陷、周围黄绿色的圆形坏死溃疡病灶，且单个或融合成片；弧菌性肝炎的肝表面有白色、星状或菊花状坏死灶。

霉变饲料中毒家禽的肝呈土黄色，患禽伤寒病鸡的肝呈古铜色。患大肠杆菌病时，其肝表面常有多量纤维蛋白包裹。患内脏型马立克氏病，其肝表面或深部常可见到灰白色肿瘤。患雏鸭病毒性肝炎的，其肝质地柔软、出血明显。患禽淋巴白血病的，其肝极度肿大、色泽变淡、质地稍硬。

12.脾检查　脾肿大，表面有白色肿瘤结节，常见于内脏型马立克氏病。在一些细菌性和病毒性疾病中，常可见到脾肿大，有白色坏死点；而代谢性疾病一般见不到脾肿大。

13.肺检查　先用刀切割肺侧缘附着处，再将肺从肋骨间凹陷中剥出来。然后上提两肺叶（注意不要损坏第一节支气管），用剪刀将肺、支气管与食管分开。最后将肺从肋间翻向内侧，进行检查。

肺部病变一般不多，主要应检查其质地、出血情况等。雏鸡肺组织实变，并有大小不等的黄色或白色结节，多见于雏鸡患曲霉菌病或肺型鸡白痢。患有住白细胞虫病的鸡，死后肺部通常有凝血块。肺炎病灶大多数都发生在第一节支气管及其周围肺组织，因此必须检查肺的横切面，否则很易漏掉肺内病灶。

14.肾检查　肾和输尿管一般作原位检查，正常的肾位于肋窝间，深红色或红褐色，前后细长而分为前中后三个肾叶。当发生马立克氏病时，肾有肿瘤、灰白色并突出肋窝。当发现痛风、传染性法氏囊病、肾型传染性支气管炎时，肾肿胀，输尿管内充满尿酸盐，在肾表面形成红白相间的索状弯曲，呈斑驳状。

15.输卵管检查　剥离卵巢和输卵管，纵行切开检查。

16.法氏囊检查　法氏囊位于泄殖腔背侧，将直肠后拉即可见到圆形的法氏囊，可原位切开检查。法氏囊水肿、出血或萎缩，是传染性法氏囊病的特征性病变。禽淋巴白血病会在法氏囊上形成肿瘤，这也是与马立克氏病的一个重要区别。

17.消化道检查　从咽喉部至泄殖腔逐一剖开，主要检查消化道黏膜的出血、肿胀、溃疡、纤维素渗出，肠内容物及肠道寄生虫等状况。检查胰腺后，在腺胃前沿剪断食管，切断肠系膜，将整个胃肠道往后翻拉，横切直肠，取下胃肠道，用肠剪纵行切开检查。

咽喉部主要查看有无干酪样物、血块及伪膜，禽痘或传染性喉气管炎时，在咽喉部可见明显的纤维素性伪膜或血块。食道、嗉囊的病变具有特殊性，鸭瘟时食道黏膜出现纵向出血溃疡，并覆盖条索状或片状纤维素伪膜。鸡、鹅的白色念珠菌病在食道、嗉囊黏膜上也有明显的白色圆形隆起或融合成片的伪膜，且不易剥离。维生素A缺乏症的病禽在食道黏膜也可见露珠状细小隆起。此外，如嗉囊积食硬结或空虚松软可了解饲料成分，或改进饲喂方法；嗉囊充满水、气混合物，可能为新城疫；嗉囊黏膜脱落，可能是慢性蓄积性中毒。

腺胃的病变较为普遍，腺胃乳头出血是鸡新城疫的特征之一；腺胃与肌胃交界处的黏膜出血、溃疡，多见于传染性法氏囊病；腺胃壁肿胀肥厚、出血、腺体扩张等病变，在传染性支气管炎、马立克氏病中都可见到。肌胃一般无明显病变，2周龄以内雏鸡剥离角质层，有时可见少量白色结节，提示可能为禽脑脊髓炎；腺胃乳头分泌亢进，挤出浓厚分泌物，提示饲料中可能含有霉菌毒素。

肠道主要检查其黏膜充血、出血、溃疡等。先看肠浆膜面，注意其色泽，表面有无出血斑点、坏死灶；而后再看黏膜面，注意内容物的性状、颜色，黏膜有无充血、出血、渗出物或分泌物。十二指肠黏膜的充血、出血、肿胀，往往是多种消化道疾病的共性病变。小肠中后段及盲肠管扩张，内含血样内容物，黏膜、浆膜有出血点则为球虫病的特征。小肠后段形如香肠，剖开可见灰黄色或黄白色栓子，是小鹅瘟的特征性病变。盲肠栓子在组织滴虫引起的鸡盲肠肝炎病中有一定诊断意义。肠道黏膜表面有隆起的结节，提示为副伤寒。肠道变粗、充气，可能是梭菌感染。盲肠扁桃体位于回肠与盲肠交界处，正常情况下，扁平微隆起，当患有鸡新城疫等消化道疾病时则肿大、充血、出血。家禽的直肠病变较少，患鸭瘟时在直肠黏膜可见纵形出血、溃疡甚至伪膜。鸡新城疫时泄殖腔黏膜出血严重。

18. 神经检查 在第一肋骨基部与最后一节颈椎间，切断肩胛软骨与胸壁肌肉间的联系，用手向两侧拉开左右肩胛软骨，即可检查臂神经丛。可用钝性剥离法在骨盆腔内除去肾中叶表层部分，即可检查腰荐神经丛。在腿部股内侧剥离内收肌后，就可暴露出坐骨神经，正常时呈白色，有光泽，可见纤维横纹。腿麻痹的病例应检查坐骨神经的粗细是否均匀，有无肿大变粗等。

19. 脑组织检查 剥离头部皮肤，在颅骨中线作十字切开，用骨剪去除颅骨，分离脑与周围联系，取出脑检查，注意脑膜与实质病变。必要时要用无菌方法取病料检查。

20. 骨髓检查 骨髓的检查和取材一般在剖检的最后阶段进行。取出股骨，去掉其上面附着的肌肉，用骨刀纵行切开股骨以检查骨髓。切开胫骨近端骨髓，检查软骨骨化情况。检查骨髓组织的色泽、质地，有无肿瘤和坏死，还可做骨髓涂片（或印片）。必要时采取组织块固定于福尔马林中，以备切片检查之用。同时可检查骨组织的厚薄、硬度，如发现骨质疏松或软化，应观察甲状旁腺的大小是否正常。

家禽常见病预防常识

一、建好生物安全体系

生物安全在禽场应用，可以减少病毒、细菌、真菌、寄生虫、昆虫、啮齿类动物、野生鸟类等致病因子和带有禽病病原的人群进入养禽场，有效避免禽类疫病在场与场、户与户之间的传播，最大限度地减少养禽场（户）的经济损失。

1. 科学选择场址和合理布局　任何养禽场的选址都应远离公路主干道、居民区，且应交通便利。禽场应建立在地势较高、干燥，便于排水、通风，水源充足，水质良好，供电有保障的地方。禽场应远离其他畜禽场、屠宰及加工厂、垃圾站等。

禽场周围应有围墙或隔离带，场内生活区与生产区应分开，生产区根据规模及需要划分成若干个小区，各小区的排布不能在同一风向上。各生产区应设置各自的净道和污道。各小区放置独立的病死禽处理池及禽粪发酵池或储存池。水禽场、舍（棚）应建在没有受到生物污染和工业污染的水源旁，同时水禽场须远离栖息水禽的排水沟、池塘、湖泊、滩涂等地。

禽场应将生产区、处理区、孵化区与管理区隔离开，至少应将干净区与污染区隔开。禽场要铺设运输粪便、污物的专用脏道。禽场的人行道及过道最好是水泥路面或砖铺地面。经过禽场过道的人、车辆、禽只都应当遵循从青年禽至老年禽、从清洁区至污染区、从独立单元至人员共同生活区的单向运行方案。在禽场入口处设立人员消毒盘（池）和车辆消毒池，所有进出场车辆和人员均需经消毒后方可进入。各区配备冲洗消毒设备，对需要进入的物品进行冲洗消毒，场内和生活区道路也要定期消毒。

2. 制定合理的饲养制度

（1）自繁自养饲养制度。执行自繁自养方式不仅可以降低生产成本，减少苗禽市场价格影响，也可防止由于引入患病禽及隐性感染禽而人为将病原带入本场。如果必须从外地或外场购入时，应从非疫区引进，而且需经兽医人员检疫合格后方可引入。引入后应先隔离饲养15～30天，经检查确认无任何传染病或寄生虫病时，方可入群。

（2）全进全出饲养制度。全进全出就是在一个相对独立的饲养单元之内的所有禽，应当是同时引入（全进），同时被迁出予以销售、淘汰或转群（全出）。实行全进全出的饲养制度，不仅有利于提高群体生产性能，而且有利于采取各种有效措施防治禽类疫病。全进全出使每批禽的生产在时间上有一定的间隔，便于对禽舍进行彻底的清扫和消毒处理，便于有效切断疫病的传播途径，防止病原微生物在不同批次群体中形成连续感染或交叉感染。而禽场中经常有禽，则很难做到彻底的消毒，也就很难彻底清除病原，因此常有"老场不如新场"的说法。

（3）分区分类饲养制度。所谓分区分类饲养，包含三层含义：一是养禽场应实行专业化生产，即一个养禽场只养一种禽；二是不同生产用途的禽应分场饲养，如种禽和商品禽应分别养殖在不同场区；三是处于不同生长阶段的同种禽应分群饲养。

由于不同禽对同一种疫病的敏感性以及同种禽对同种疫病的敏感性均有不同，在同一禽场内，不同用途、不同年龄的群体混养时有复杂的相互影响，会给防疫工作带来很大的难度。例如，没有空气过滤设施的孵化室建在鸡舍附近，孵化室和鸡舍的葡萄球菌、绿脓杆菌污染情况就会变得很严重。当育雏舍同育成鸡舍十分接近而隔离措施不严时，鸡群呼吸道疾病和球虫病的感染则难以控制。因此，对于大型畜禽场而言，严格执行分区分类饲养制度是减少防疫工作难度，提高防疫效果的重要措施。

3．人员、车辆及用具的防疫管理 养禽场人员主要包括管理人员、畜牧及兽医技术人员、工勤人员以及外来人员。人员在禽场之间、禽舍之间流动，是养禽场最大的潜在传播媒介。当人员从一个禽场到另一个禽场，或从一个禽舍到另一个禽舍，病原体就会通过他们的鞋、衣服、帽子、手，甚至分泌物、排泄物等传播开来。

（1）饲养人员要求。禽场的各类工作人员都不得在家中饲养禽、鸟类，也不得从事与畜禽有关的商业活动、技术服务工作。否则，这些工作人员很容易把病原体从其他地点带至本地。饲养员应固定岗位，不得串岗、随便进入其他禽舍。发生疫病禽舍的饲养员必须严格隔离，直至解除封锁。

（2）人员消毒制度。在场工作的各类人员，进入生产区必须换鞋、更衣、洗澡，至少也应当换鞋和更换外套衣服。进禽舍时要二次换鞋更衣。应当注意，生产区入口处、消毒室内的紫外线灯因数量少，很难照射到下半身，照射时间短，其消毒效果并不可靠；生产区入口处消毒池和禽舍门口的消毒盆也可因消毒液浓度或时间长久而失效，消毒效果也不理想，因此，只有更换已经消毒或灭菌的鞋子、工作服才是可靠的。生产区的入口处消毒室应当预备多余的消毒鞋靴、工作服，供外来人员使用。

（3）车辆及用具管理。禽场中可移动的车辆很多，如运料车、运蛋车、粪车等，用具包括饮水器、喂料器、笤帚、铁锹等，这些车辆、用具除要作定期消毒外，在管理上还应注意：生产区内部的大型机动车不能挂牌照，不能开出生产区，仅供生产区内部使用；外来车辆一律在场区大门外停放；禽舍内的小型用具，每栋舍内都要有完整的一套，不准互相借用、挪用；生产周转用具不得在禽场间串用，生产区内禽舍内的生产周转用具不得带出生产区禽舍，一旦带出，经严格消毒后才能重新进入生产区或禽舍。不宜借用其他养殖场的车辆和用具，借用前后则应严格消毒。

4. 饲料与饮水管理

（1）饲料的管理。购买饲料成品或原料时应注意检查霉变情况，必要时可通过化验进行检验。有时曲霉菌对玉米、豆饼（粕）、花生饼（粕）的污染虽肉眼检查不能发现，但足以造成家禽中毒。

饲料运输、保藏的过程中应防止发霉变质，运输饲料的卡车必须带有篷布。料仓应当不漏雨，并有防潮措施，还应当有防鼠、防鸟措施。饲料污染沙门氏菌是导致禽沙门氏菌病传染的重要原因。各种饲料原料均可发现沙门氏菌，尤以动物性饲料原料为多见，如肉骨粉、肉粉、鱼粉、皮革蛋白粉、羽毛粉和血粉等。防止饲料污染沙门氏菌，应从饲料原料的生产、储运和饲料加工、运输、保藏及饲喂动物各个环节，采取相应的措施，如不用传染病死畜或腐烂变质的畜禽、鱼类及其下脚料做原料。

（2）饮水的管理。为动物提供安全的饮水，防止动物因饮水染疫，是做好饮水管理的根本目的。养殖场的饮用水以自来水为好，同时要自备水源。水源要远离污染源。水源周围50米内不得设置储粪场、渗漏厕所。水井设在地势高燥处，防止雨水、污水倒流引起污染。定期进行水质检测和微生物及寄生虫学检查，发现问题要及时处理。

动物的饮用水和人的饮用水卫生安全指标是一致的。《生活饮用水卫生标准》（GB 5749—2006）规定饮用水消毒细菌学指标应达到的标准是每100毫升消毒后的饮用水中所含菌落总数小于或等于100个，并且不得检出总大肠菌群。

5. 废弃物处理

（1）粪便的处理和利用。禽粪便中常常含有一些病原微生物和寄生虫卵，如果不进行消毒处理，容易造成污染和传播疾病。一些危险的传染病病禽的粪便（如禽流感、新城疫）可通过焚烧处理。需要消毒的粪便量较少时，可用含有2%～5%的有效氯的漂白粉溶液、20%石灰乳等，将污染的粪便与漂白粉或新鲜的生石灰混合，然后深埋于地下，埋的深度应达2米左右。非芽孢病原微生物污染的粪便可通过堆粪或发酵池处理。

（2）尸体的处理。养禽场死亡的禽只尸体，由于含有较多的病原微生物，容易分解腐败，散发恶臭，污染环境。因此，必须及时地妥善处理病死禽尸体。在处理尸体时，不论采用何种方法，都必须将病禽的排泄物、各种废弃物等一并进行处理，以免造成环境污染。高致病性禽流感、新城疫为我国规定的一类疫病，感染这两类疫病的禽只及同群禽必须扑杀焚烧处理。一般非正常死亡的禽只尸体可采用如下方法处理。

①高温处理法。此法是将禽尸体放入特制的高温锅（温度达150摄氏度）内或有盖的大铁锅内熬煮，达到彻底消毒的目的。鸡场也可用普通大锅，经100摄氏度以上的高温熬煮处理。此法可保留一部分有价值的产品，但要注意熬煮的温度和时间，必须达到消毒的要求。

②发酵法。将尸体抛入尸坑内，利用生物热的方法进行发酵，从而起到消毒灭菌的作用。尸坑一般为井式，深达9～10米，直径2～3米，坑口有一个木盖，坑口高出地面30厘米左右。将尸体投入坑内，堆到距坑口1.5米处，盖封木盖，经3～5个月发酵处理后，尸体即可完全腐败分解。

（3）其他废弃物处理。养禽生产中，生活污水、饲料残渣或霉变饲料、环境垃圾等也应严格处理，防止其污染环境、饲料和饮水。生活污水可直接排入污水处理池。被病原体污染的污水，可用沉淀法、过滤法、化学药品处理法等进行消毒。比较实用的是化学药品消毒法。方法是先将污水处理池的出水管用一木闸门关闭，将污水引入污水池后，加入化学药品（如漂白粉或生石灰）进行消毒。消毒药的用量视污水量而定（一般每升污水用2～5克漂白粉）。消毒后，将闸门打开，使污水流出。饲料残渣、霉变饲料可同粪便混合处理。环境垃圾可通过焚烧、深埋等方法处理。

6. 严格杀虫、灭鼠 养禽场内的节肢昆虫（蚊、蝇、虻和蜱等）、鼠类、一些野生鸟类和宠物（犬、猫等），都是疫病发生和流行的传播媒介，不可忽视。因此，养禽场等应加强动物管理，及时发现并驱赶混入禽群中的野生动物或其他畜禽，严格采取杀虫灭鼠措施，切断传播途径。

搞好养殖场环境卫生，保持环境清洁干燥，是减少或杀灭蚊、蝇、蠓等昆虫的基本措施。例如，蚊虫需在水中产卵、孵化和发育，蝇蛆也需在潮湿的环境及粪便等废弃物中生长。因此，应填平无用的污水池、土坑、水沟和洼地。定期疏通阴沟、沟渠等，保持排水系统畅通。对储水池、储粪池等容器加盖，并保持四周环境的清洁，以防昆虫如蚊蝇等飞入产卵。对不能加盖的储水器，在蚊蝇滋生季节，应定期换水。永久性水体（如鱼塘、池塘等），蚊虫多滋生在水浅而有植被的边缘区域，修整边岸，加大坡度和填充浅湾，能有效地防止蚊虫滋生。圈舍内的粪便应及时清除并堆积发酵处理。也可利用机械方法以及光、声、电等物理方法，捕杀、诱杀或驱逐蚊蝇。必要时，可使用天然或合成的毒物，以不同的剂型（粉剂、乳剂、油剂、水悬剂、颗粒剂、缓释剂等），通过不同途径（胃毒、触杀、熏杀、内吸等），毒杀或驱逐昆虫。此法使用方便、见效快，是杀灭蚊蝇等害虫的较好方法。

鼠的生存和繁殖同环境和食物来源有直接的关系。破坏其生存条件和食物来源则可控制鼠的生存和繁殖。鼠类多从墙基、天棚、瓦顶等处窜入室内。在设计施工时应注意：禽舍和饲料仓库应是砖、水泥结构，设立防鼠沟，建好防鼠墙，门窗关闭严密；墙基最好用水泥制成，碎石和砖砌的墙基，应用灰浆抹缝；墙面应平直光滑；砌缝不严的空心墙体，鼠易隐匿营巢，要填补抹平；为防止鼠类爬上屋顶，可将墙角处做成圆弧形；墙体上部与天棚衔接处应砌实，不留空隙；瓦顶房屋应缩小瓦缝和瓦、椽间的空隙并填实；用砖、石铺设的地面，应衔接紧密并用水泥灰浆填缝；各种管道周围要用水泥填平；通气孔、地脚窗、排水沟（粪尿沟）出口均应安装孔径小于1厘米的铁丝网，以防鼠窜入；及时堵塞禽舍外上下水道和通风口处等的管道空隙。同时要注意环境清理，改造厕所和粪池，断绝鼠类食物来源。必要时，应用捕鼠夹、电子捕鼠器等捕鼠或用化学毒饵灭鼠。

7.实施检疫监测预报制度

（1）禽群检疫与净化。养禽场应重点对鸡毒支原体、鸡白痢、禽白血病、结核病等开展检疫，特别是鸡毒支原体、鸡白痢两种疫病可经种蛋垂直传播，尤其是种鸡场，应予以高度重视。每隔1个月对种鸡按0.2%～0.5%抽样，监测鸡毒支原体和鸡白痢的感染动态，并根据感染情况和种鸡群的要求采取淘汰或预防性投药，及时消灭传染源，建立健康种群。

（2）免疫状况的监测。主要是指对危害较严重的又具有检测手段的家禽传染病，如新城疫、禽流感、传染性法氏囊病、产蛋下降综合征、禽痘等，在免疫接种后的10～15天，监测血清中的抗体水平或接种反应（禽痘），以检验疫苗免疫的效果，必要时对禽群进行补种，确保禽群免疫力。或接种后间隔一定的时间抽样检测，当禽群免疫后抗体水平达不到要求时，要及时寻找原因（接种方法、疫苗的质量、不同疫苗间的相互影响等）及解决办法。

二、搞好兽医卫生消毒

1. 主要通道口消毒

（1）车辆消毒池。生产区入口必须设置车辆消毒池，其长度为4米，与门同宽，深0.3米以上，消毒池上方最好建有顶棚，防止日晒雨淋。消毒池内放入2%～4%的氢氧化钠溶液，每周更换3次。有条件的可在生产区出入口处设置喷雾装置，喷雾消毒液可采用0.1%百毒杀溶液、0.1%新洁尔灭或0.5%过氧乙酸。

（2）消毒室。场区门口及生产区入口要设置消毒室，人员和用具进入要消毒。消毒室内安装紫外线灯（1～2瓦/米^3）；有脚踏消毒池，内放2%～5%的氢氧化钠溶液。进入人员要换鞋、工作服等，如有条件，可以设置淋浴设备，洗澡后方可入内。脚踏消毒池中消毒液每周至少更换2次。

（3）消毒槽（盘）。每栋禽舍、孵化室（厅）门前也要设置脚踏消毒槽（盘），内放2%～4%氢氧化钠溶液，进出禽舍最好换穿不同的专用橡胶长靴，在消毒槽（盘）中浸泡1分钟，并进行洗手消毒，穿戴上消毒过的工作服和工作帽方可进入。

2. 场区环境消毒

平时应做好场区环境的卫生工作，定期使用高压水洗净路面和其他便于冲洗的场所，每月对场区环境进行1次环境消毒。进禽前对禽舍周围5米以内的地面用0.2%～0.3%过氧乙酸或使用5%的氢氧化钠溶液进行彻底喷洒；道路使用3%～5%的氢氧化钠溶液喷洒。禽场周围环境保持清洁卫生，不乱堆放垃圾和污物，道路要每天清扫。被病禽的排泄物和分泌物污染的地面土壤，可用5%～10%漂白粉溶液、百毒杀或10%氢氧化钠溶液消毒。

3. 空舍消毒

任何规模和类型的养殖场，其场舍在启用及下次使用之前，必须空出一定时间（15～30天或更长时间），经多种方法全面彻底消毒后，方可正常启用。

（1）机械清除。对空舍顶棚、天花板、风扇、通风口、墙壁、地面彻底打扫，将垃圾、粪便、垫草、羽毛和其他各种污物全部清除，定点堆放烧毁并配合生物热消毒处理。

（2）净水冲洗。料槽、水槽、围栏、笼具、网床等设施采用动力喷雾器或高压水枪进行自来水洗净，按照从上至下、从里至外的顺序进行。对较脏的地方，可事先进行刮除，要注意对角落、缝隙、设施背面的冲洗，做到不留死角。

最后冲洗地面、走道、粪槽等，待干后用化学药品消毒。

（3）药物喷洒。常用3%～5%来苏儿、0.2%～0.5%过氧乙酸、20%石灰乳、5%～20%漂白粉等喷洒消毒。地面用药量800～1000毫升/米²，舍内其他设施200～400毫升/米²。为了提高消毒效果，应使用两种或三种不同类型的消毒药进行2～3次消毒。通常第1次使用碱性消毒液，第2次使用表面活性剂类、卤素类、酚类等消毒药，第3次常采用甲醛熏蒸消毒。每次消毒都要等地面和物品干燥后再进行下次消毒。必要时，对耐燃物品还可使用酒精喷灯或煤油喷灯进行火焰消毒。

（4）熏蒸消毒。熏蒸消毒法是利用福尔马林（40%甲醛溶液）与高锰酸钾发生化学反应，快速地释放出甲醛气体，经过一定时间可杀死病原微生物。熏蒸消毒可用于密闭的畜禽舍、仓库及饲养用具、种蛋、孵化机（室）污染表面的消毒。其穿透性差，不能消毒用布、纸或塑料薄膜包装的物品。优点是可对空气、墙缝及药物喷洒不到但空气流通的地方进行彻底消毒。熏蒸消毒时，福尔马林常用量为28毫升/米³，密闭1～2周，或按每立方米空间25毫升福尔马林、12.5毫升水、25克高锰酸钾的比例进行熏蒸，消毒时间为12～24小时。但墙壁及顶棚易被熏黄，用等量生石灰代替高锰酸钾可消除此缺点。熏蒸消毒完成后，应通风换气，待对禽只无刺激后，方可使用。

熏蒸消毒前须将舍、室密闭。室温保持在20摄氏度以上，相对湿度70%～90%。充分暴露舍、室及物品的表面，并去除各角落的灰尘和蛋壳上的污物。操作时，先将水倒入耐腐蚀的陶瓷或搪瓷容器中，然后放入高锰酸钾，搅拌均匀，最后注入福尔马林。反应开始后药液沸腾，在短时间内即可将甲醛蒸发完毕。由于反应液温度较高，容器不要放在地板上，也不要使用易燃、易腐蚀的容器。使用的容器容积要大些（约为药液体积的10倍），徐徐加入药液，防止反应过猛药液溢出。达到规定消毒时间后，打开门窗通风换气，必要时用25%氨水中和残留的甲醛（用量为甲醛的1/2）。

4.带禽消毒　带禽消毒是指对禽舍环境和禽体表的定期或紧急喷雾消毒。做好禽只体表的消毒，对预防一般疫病的发生有一定作用，在疫病流行期间采取此项措施意义更大。带禽消毒常选用对皮肤、黏膜无刺激性或刺激性较小的药品用喷雾法消毒，主要药物有0.015%百毒杀、0.1%新洁尔灭、0.2%～0.3%次氯酸钠以及过氧乙酸等。药液用量为60～240毫升/米²，以地面、墙壁、天花板均匀湿润和畜禽体表略湿为宜。喷雾粒子直径大小应介于80～100微米，喷雾距离以1～2米为宜。

发生疫情时，可每天消毒1次。冬季带禽消毒，应提高舍温3～4摄氏度，

15

且药液温度以室温为宜。一般鸡、鸭10日龄、鹅8日龄以前不可实施带禽消毒，否则容易引起呼吸道疾病。如果禽只患有呼吸道疾病，一般不宜带禽消毒。带禽消毒必须避开活苗接种，即在活苗接种的当天、前后各1天不得消毒。

5. 运输工具消毒　装运过健康禽只及其产品的运输工具，清扫后用热水洗刷。装运过一般传染病禽只及其产品的运输工具，应彻底清扫。先打扫车辆表面和车内部，车辆内部包括车厢内地面、内壁及分隔板，外部包括车身、车轮、轮箍、轮框、挡泥板及底盘。除去车体大部分的污染物，将可以卸载的、现场不能或不易消毒的物品移出放于场外。打扫完毕后，用高压水冲洗车辆表面、内部及车底。用含5%有效氯漂白粉溶液或4%氢氧化钠溶液喷洒消毒15～30分钟。清除的粪便、垫草和垃圾，采取焚烧或堆积用泥密封发酵消毒。

运载过危害严重的传染病禽只及其产品的运输工具，应先用消毒药液喷洒消毒，经一定时间后彻底清扫，特别注意工作人员卸载物品可能接触的地方，注意缝隙、车轮和车底。再用含5%有效氯漂白粉溶液或10%氢氧化钠溶液、4%甲醛、0.5%过氧乙酸等喷洒消毒1次，消毒30分钟后用热水冲洗，清除的粪便、垫草集中烧毁。

6. 孵化设施及种蛋消毒　对孵化设施及种蛋进行消毒是预防控制禽类蛋媒垂直传播疫病的有效手段。孵化室内的下水道口处应定期投放氢氧化钠消毒，定期对室内、室外进行喷雾消毒。种蛋预选室和孵化厅各车间，每日用清水冲洗干净后，再用消毒液喷洒消毒1次。

孵化器材的消毒方法多采用熏蒸、浸泡、冲洗、擦拭等手段进行。孵化器和出雏器经冲洗干净后，用过氧乙酸喷洒消毒。出雏盒、蛋盘、蛋架等用次氯酸钠或新洁尔灭溶液浸泡或刷拭干净后，再用福尔马林熏蒸1小时。每出一次雏禽，所有使用过的器具都要取出，放入消毒液内浸泡消毒洗净，然后将孵化器和出雏器内外用高压清水冲洗干净，再用消毒液喷洒消毒，逐个进行彻底清洗擦拭、喷洒和熏蒸消毒。蛋盘和雏箱、送雏盒等用具不得逆转使用。雏禽须用本厅专用车辆运送，用过的雏禽盘、鉴别器具、车辆等须经消毒后使用，运送雏禽车辆在回厅时应冲洗消毒。

经收集初选合格的种蛋应在30分钟内送入孵化厅，并放入消毒柜或熏蒸室进行熏蒸消毒，一般不用溶液法，以免破坏蛋壳表面的胶质保护层。消毒后放入种蛋库存放。种蛋入孵前可以采用熏蒸法、浸泡法和喷雾法消毒。熏蒸法消毒可用福尔马林、过氧乙酸。浸泡法可用0.1%新洁尔灭溶液、0.05%高锰酸钾溶液或0.02%季铵盐溶液，浸泡5分钟捞出沥干入孵，浸泡时水温控制在43～50摄氏度。喷雾法可用0.1%新洁尔灭溶液均匀喷洒在种蛋的表面，经

3～5分钟，药液干后即可入孵。

7.禽类产品外包装消毒　塑料包装制品消毒时，常用0.04%～0.2%过氧乙酸或1%～2%氢氧化钠溶液浸泡消毒。操作时先用自来水洗刷，除去表面污物，干燥后再放入消毒液中浸泡10～15分钟，取出用自来水冲洗，干燥后备用。也可在专用消毒房间用0.05%～0.5%过氧乙酸喷雾消毒，喷雾后密封1～2小时。

金属制品消毒时，先用自来水洗刷干净，干燥后用火焰喷烧消毒，或用4%～5%的碳酸钠喷洒或洗刷，对染疫制品要反复消毒2～3次。

其他制品如木箱、竹筐等由于不耐腐蚀，消毒时一般不采用浸泡法，可在专用消毒间熏蒸消毒。用福尔马林42毫升/米³熏蒸2～4小时或时间更长些。对染疫的此类包装物，必要时进行烧毁处理。

三、做好禽群预防接种

1.疫苗的运输、保存与使用

（1）疫苗的运输和保存。疫苗应低温保存和运输，但应注意不同种类的疫苗所需的最佳温度不同。例如，冻干苗、湿苗需要-20～0摄氏度，而油乳剂疫苗和铝胶剂疫苗则应避免冻结，最适温度为2～8摄氏度。这在北方寒冷季节尤应注意，而细胞结合型马立克氏病疫苗则应在液氮内保存。

（2）疫苗的使用。使用疫苗必须在兽医指导下进行，必须按照疫苗说明书及瓶签上的内容及农业部发布的其他使用管理规定使用；对采购、使用的疫苗必须核查其包装、生产单位、批准文号、产品生产批号、规格、失效期、产品合格证、进货渠道等，并应有书面记录；在使用疫苗的过程中，如出现产品质量及技术问题，必须及时向县级以上农牧行政管理机关报告，并保存尚未用完的疫苗备查。

疫苗的剂量：疫苗的剂量太少和不足，不足以刺激机体产生足够的免疫效应，剂量过大可能引起免疫麻痹或毒性反应，所以疫苗使用剂量应严格按产品说明书进行；过期或失效的疫苗不得使用，更不得用增加剂量来弥补；大群接种时，为预防注射等过程中一些浪费，可适量增加10%～20%的用量。

疫苗的稀释：稀释疫苗之前应对使用的疫苗逐瓶检查，尤其是名称、有效期、剂量、封口是否严密、是否破损和吸湿等；对需要特殊稀释的疫苗，应用指定的稀释液。而其他的疫苗一般可用生理盐水或蒸馏水稀释。稀释液应是清凉的，这在天气炎热时尤应注意。

稀释液的用量在计算和称量时均应细心和准确；稀释过程应避光、避风尘和无菌操作，尤其是注射用的疫苗应严格无菌操作。稀释过程中一般应分级进行，对疫苗瓶一般应用稀释液冲洗2～3次。稀释好的疫苗应尽快用完，尚未使用的疫苗也应放在冰箱或冰水桶中冷藏。

对于液氮保存的马立克氏病疫苗的稀释，生产厂家有操作程序时，应严格按提供的程序执行，如无现成的程序，也可参考如下的注意事项。

一般性要求：①液氮保存的疫苗必须有指定的专业技术人员负责保管和稀释；②定期测定和登记罐内的液氮量，液氮量不足时应及时补充；③液氮罐应存放于安全的地方，与宿舍、办公室、仓库等保持一定的距离；④带液氮罐领取疫苗时应由专车运送，不得用客运交通工具运送，如需经火车等长途运输，则必须征得有关部门的同意，并采取相应防范措施后再作运输。

疫苗的稀释过程：①操作者应先戴好防护面具和手套；②稀释液平时应于4摄氏度保存，稀释前稀释液温度为15～27摄氏度（按厂家说明操作）；③按疫苗厂家的要求，准备好15～27摄氏度的水浴箱（桶）以及长柄钳1～2支、冰块、托盘、水桶、自来水、注射器、18号针头等备用；④打开液氮罐，取出1支疫苗后迅速将其余疫苗放回液氮罐内；⑤立即将已取出的疫苗放入已准备好的水浴中，使疫苗迅速解冻；⑥待疫苗已完全溶解后，立即取干布拭干，甩动疫苗瓶，使疫苗瓶颈部不含疫苗液，在尽可能远离操作者面部及身体的地方把疫苗瓶颈部折断；⑦取注射器套上18号针头，抽取稀释液1～2毫升，温度在15～27摄氏度（按厂家说明操作），再将疫苗液抽入注射器内，轻轻混匀，注入稀释液瓶中，然后再抽取稀释液连续冲洗疫苗瓶3次，并将冲洗液加入到疫苗稀释液瓶中；⑧轻轻地摇动已加入疫苗的稀释液瓶，使疫苗均匀地分布在稀释液中；⑨把稀释好的疫苗保持在15～27摄氏度（按厂家说明操作），在注射期间也应保持在这一温度范围内；⑩已稀释的疫苗必须在稀释后1小时内用完。

2. 免疫接种途径 禽类的免疫方法可分为个体免疫法和群体免疫法。前者免疫途径包括注射、点眼、滴鼻、滴口、刺种、擦肛等，后者包括饮水、拌料、气雾免疫等。选择合理的免疫接种途径可以大大提高禽类机体的免疫应答能力。

（1）皮下接种。这种方法多用于灭活苗及免疫血清、高免卵黄抗体接种，选择禽只颈部背侧下1/3处，针头自头部刺向躯干部。注射部位消毒后，注射者右手持注射器，左手食指与拇指将皮肤提起呈三角形，使之形成一个囊，沿囊下部刺入皮下约注射针头的2/3，将左手放开后，再推动注射器活塞将疫苗徐徐注入。然后用酒精棉球按住注射部位，将针头拔出。

（2）皮内接种。鸡在肉髯部位接种。注射部位用酒精棉球消毒后，术者以左手绷紧固定皮肤，右手持注射器，使针头斜面向上，几乎与注射皮面平行刺入0.5厘米左右。应注意刺时宜慢，以防刺出表皮或深入皮下。同时，注射药液后在注射部位有一小包，且小包会随皮肤移动，则证明确实注入皮内，然后用酒精棉球消毒皮肤针孔及其周围。皮内接种疫苗的使用剂量和局部副作用小，相同剂量疫苗产生的免疫力比皮下接种高。

（3）肌内注射。肌内注射操作简便、应用广泛、副作用较小，药液吸收快，免疫效果较好。禽宜在胸肌或大腿外侧肌内注射。注射时针头与皮肤表面呈45度，避免疫苗流出。

（4）点眼与滴鼻。操作时，用乳头滴管吸取疫苗，将鸡眼或鼻孔向上，呈水平位置，滴头离眼或鼻孔1厘米左右，滴于眼或鼻孔内。这种方法多用于雏禽，尤其是雏鸡的首免。利用点眼或滴鼻法接种时应注意：点眼时，要等待疫苗扩散后才能放开雏鸡；滴鼻时，可用固定雏鸡的左手食指堵住非滴鼻侧的鼻孔，加速疫苗的吸入。

生产中也可以用能安装滴头的塑料滴瓶盛装稀释好的疫苗，装上专用滴头后，挤出滴瓶内部分空气，迅速将滴瓶倒置，使滴头向下，拿在手中呈垂直方向轻捏滴瓶，进行点眼或滴鼻，疫苗瓶在手中应一直倒置，滴头保持向下。为减少应激，最好在晚上或光线稍暗的环境下接种。

（5）皮肤刺种。常用于禽痘、禽脑脊髓炎等疫病的弱毒疫苗接种。家禽一般采用翼膜刺种法，在家禽翅膀内侧无血管处的"三角区"，用刺种针（图2-3-1）蘸取疫苗，刺针针尖向下，使药液自然下垂，轻轻展开鸡翅，从翅膀内侧对准翼膜用力垂直刺入并快速穿透，使针上的凹槽露出翼膜（图2-3-2）。每次刺种

图2-3-1　疫苗刺种针

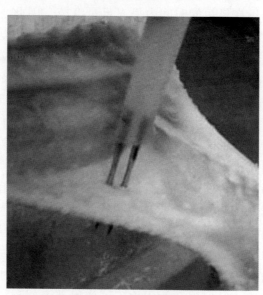

图2-3-2　鸡翼膜刺种

针蘸苗都要保证凹槽能浸在疫苗液面以下，出瓶时将针在瓶口擦一下，将多余疫苗擦去。在针刺过程中，要避免针槽碰上羽毛以免疫苗溶液被擦去，也应避免刺伤骨头和血管。每1～2瓶疫苗就应换用一个新的刺种针，因为针头在多次使用后会变钝，针头变钝意味着需要加力才能完成刺种，这可能使一些疫苗在针头穿入表皮之前被抖落。刺种后，应及时对禽群的接种部位进行接种反应观察，一般接种4～6天后在接种部位会出现皮肤红肿、增厚、结痂等接种反应，如接种部位无反应或禽群的反应率低，则必须及时重新接种。因此，要在刺种后2周左右检查免疫的效果。如无局部反应，则应检查鸡群是否处于免疫阶段，疫苗质量有无问题或接种方法是否有差错，及时进行补充免疫。

（6）擦肛接种。用消毒的棉签、毛笔或小刷蘸取疫苗，直接涂擦在家禽泄殖腔的黏膜上。擦肛后4～5天，可见泄殖腔黏膜潮红，否则应重新接种。此法常用于鸡传染性喉气管炎强毒苗的接种。

（7）饮水免疫。饮水免疫时，应按禽只数量和禽只平均饮水量，准确计算疫苗用量。用于口服的疫苗必须是高效价的活苗，可增加疫苗用量，一般为注射剂量的2～5倍。例如，鸡饮水免疫时，稀释疫苗的用水量应根据鸡的大小来确定，一般为鸡日饮水量的30%，疫苗用量高于平均用量的2～3倍，保证所有的鸡同时喝到疫苗水。具体可参照如下用水量：1～2周龄每只8～10毫升；3～4周龄每只15～20毫升；5～6周龄每只20～30毫升；7～8周龄每只30～40毫升；9～10周龄每只40～50毫升。疫苗混入饮水后，必须迅速口服，保证禽只在最短的时间内摄入足量疫苗。因此，免疫前应停饮一段时间，具体停水时间长短可灵活掌握，一般在天气炎热的夏秋季节或饲喂干料时，停水时间可适当短些，在天气寒冷的冬春季节或饲喂湿料时，停水时间可适当长些，使禽只在施用饮水免疫前有一定的口渴感，确保禽只在0.5～1小时将疫苗稀释液饮完。稀释疫苗的水，可用深井水或凉开水，饮水中不应含有游离氯或其他消毒剂，此外饮水器要保持清洁干净，不可有消毒剂和洗涤剂等化学物质残留。饮水的器皿不能是金属容器，可用瓷器和无毒塑料容器。稀释疫苗宜将疫苗开瓶后倒入水中搅匀。为有效地保护疫苗的效价，可在疫苗稀释前在饮水中加入疫苗保护剂，弱毒湿疫苗加0.2%～0.3%的脱脂奶或脱脂鲜奶，弱毒冻干疫苗加入1%～2%脱脂奶或10%脱脂鲜奶。

混有疫苗的饮水以不超过室温为宜，应注意避免疫苗暴露在阳光下，如在炎热季节给动物施用饮水免疫时，应尽量避开高温时进行。为保证禽只充分吸收药物，在饮水免疫后还应适当停水1～2小时。此外，禽只在饮水免疫前后24小时内，其饲料和饮水中不可使用消毒剂和抗菌药物，以防引起免疫失败或干扰机体产生免疫力。

（8）滴口免疫。滴口免疫是将按照要求稀释之后的疫苗滴于家禽口中，使疫苗通过消化道进入家禽体内，从而产生免疫力的免疫接种方法。

滴口免疫操作时，先按规定剂量用适量生理盐水或凉开水稀释疫苗，充分摇匀后用滴管或一次性注射器吸取疫苗，然后将鸡腹部朝上，食指托住头颈后部，大拇指轻按前面头颈处，待张口后在口腔上方1厘米处滴下1～2滴疫苗溶液即可（图2-3-3）。

图2-3-3　雏鸡滴口免疫

滴口免疫时需注意：①确定稀释量，普通滴瓶每毫升水有25～30滴，差异较大，所以必须事先测量出每毫升水的滴数，然后计算出稀释液用量，最好购买正规厂家生产的疫苗专用稀释液及配套滴瓶；②稀释液可选用疫苗专用稀释液或灭菌生理盐水；③疫苗稀释后必须在0.5～1小时内滴完；④防止漏滴，做到只只免疫；⑤要注意经常摇动疫苗，以保持疫苗的均匀；⑥在滴口免疫前后24小时内停饮任何有消毒剂的水。

（9）气雾免疫法。将稀释的疫苗在气雾发生器的作用下喷雾射出去，雾化粒子均匀地浮游于空气中，动物随着呼吸运动，将疫苗吸入而达到免疫。进行气雾免疫时，将动物赶入圈舍，关闭门窗，尽量减少空气流动，喷雾完毕后，动物在圈内停留10～20分钟即可放出。

在进行鸡群喷雾免疫前，应加强通风，并采取带鸡消毒等降温或增湿措施，以使舍内的温度保持在18～24摄氏度，相对湿度保持在70%左右，空气中看不到灰尘颗粒等。气雾免疫不适于30日龄内的雏鸡和存在慢性呼吸道病的鸡群，以免诱发呼吸道系统疾患。气雾粒子为60微米左右时，一般停留在雏鸡的眼和鼻腔内，很少发生慢性呼吸道病，适宜对6周龄以内的小雏鸡气雾免疫。而对12周龄雏鸡气雾免疫时，气雾粒子取10～30微米为宜。在鸡头上方约1.5米喷雾，呈45度，使雾粒刚好落在家禽的头部。喷完后要最大限度地降低通风换气量，以保证气雾免疫效果，同时也要防止通风不良而造成窒息死亡。

小日龄雏鸡喷雾时，可打开出雏器或运雏箱，使其排列整齐。平养的肉鸡，可集中在鸡舍一角；或把鸡舍分成两半，中间设一栅栏并留门，从一边向另一边驱赶肉鸡，当肉鸡分批通过栅栏门时喷雾；接种人员还可在鸡群中间来回走动喷雾，至少来回2次。笼养蛋（肉）鸡，直接在笼内一层层地循序进行喷雾。

四、科学合理选药给药

1.家禽的个体给药方法

（1）内服法。指将药物的水剂、片剂、丸剂、胶囊剂及粉剂等，经口直接投入家禽的食道上端的方法。此法多用于用药次数较少或用药量需精确的情况，对饲养量较少的养鸡户适用。

内服法的优点是给药剂量准确，并能让每只禽都服入药物。但是，此法花费人工较多，适合于较小的禽群或珍贵的禽只。内服给药较注射给药吸收慢，因为其吸收过程由于受到消化道内酸碱度和各种酶的影响，所以药效出现迟缓。应用内服法时，需将禽只固定好后才投药，灌服药液时其药量不宜过多，插管不宜过浅，以防药液流入气管引起窒息而死。

（2）静脉注射法。禽只静脉注射的部位多采用翼下静脉（鸭称为肱静脉）。注射时先将肱窝消毒，用左手压住静脉根部，使血管充血增粗，然后将盛有药液的注射器的针头刺入静脉内，见有血回流，即放开左手，将药液缓缓注入即可。

静脉注射的优点是可将药物直接送入血液循环而迅速产生药效，因而适用于急性严重病例、对药量要求准确及药效要求迅速的病例。需注射某些刺激性药物及高渗溶液时亦必须用此法，如氯化钙及解毒剂等。此法技术要求高，尤其是要求一次性注射成功。若注射药物时未注入静脉中，血液就会溢出，将会增加再次注射药物的难度。另外，药物的选择、稀释应严格按注射剂的要求，器具使用前要消毒。

（3）肌内注射法。肌内注射优点是药物吸收较快，仅次于静脉注射，常应用于预防和治疗禽类的疾病。肌内注射的部位有腿部外侧肌肉、胸部肌肉及翼根内侧肌肉，其中以翼根内侧肌内注射较为安全。胸部肌内注射，可选择肌肉丰满处进行，针头不要与肌肉表面呈垂直方向刺入，插入不宜太深，以免刺入肝或体腔引起死亡。腿部外侧肌内注射一般需要有人帮助保定，或呈坐姿用左脚将鸡两翅踩住，左手食、中、拇指固定鸡的小腿，右手握注射器即可向肌肉内注射。刺激性较强的药液如氟苯尼考注射液、油乳剂疫苗等忌在其腿部注射，这些药物注入腿部肌肉后会使禽腿长期疼痛而行走不便，影响禽只采食，也会影响禽的生长发育，应选在翅膀或胸部肌肉多的地方注射。当药液体积大时应在胸部肌肉丰满处多点注射给药，忌在一点注入，因禽的肌肉薄，在一点注入药液过多，易引起局部肌肉损伤，也不利于药物快速吸收。注射时注意保定，以不紧不松为准，做到既牢固又不伤禽，以免因其挣扎而造成针孔扩大，造成出血或药液流出，影响其疗效甚至造成刺入胸肺等重要部位而致内出血死亡。各种药剂进行肌内注射时，水溶液吸收快，油溶液吸收慢，但使用油溶液可减少给药次数。如为刺激性的药物，应采用深部肌内注射。注射过程中，注意注射器具及注射部位的消毒。

（4）气管注射法。注射部位在禽的喉下，颈部腹侧偏右，气管的软骨环之间。针头刺入后，应缓慢注入药物。此法可用于治疗比翼线虫病和禽败血支原体病。

（5）嗉囊注射法。常用于注射对口咽有刺激性的药物或禽只有暂时性吞咽障碍、张喙困难而又急需服药时，当误食毒药时也可通过嗉囊注射解毒药物。其方法是以左手提起鸡的两翅，使其身体下垂，头朝向术者前方。右手握针管将针头由上而向下内侧刺入鸡的颈部右侧，离左翅基部1厘米处的嗉囊内，即可注射。鸡嗉囊充满食物时，嗉囊注射法操作方便、速度快，给药量准确可靠。但是当嗉囊无任何内容物时，注射比较困难，因而适宜在饲喂后一定时间内注射。

（6）皮下注射。皮下注射法常用于家禽的免疫接种和疾病的治疗，其特点是药液吸收慢，作用时间长。注射药液较多时及油乳剂疫苗的注射均适用于皮下注射。皮下注射常选用于颈部皮下或翅膀、腿内侧皮下。颈部皮下注射多用于雏鸡。左手握住雏鸡，使其头部向前，腹向下，食指与拇指捏起头颈处背侧皮肤，右手持注射器，由前向后从皮肤隆起处穿入注射，如注射马立克氏病疫苗。翅内侧皮肤注射适用于中、大鸡，如新城疫Ⅰ系疫苗、鸡痘疫苗、禽霍乱弱毒菌苗的注射。方法为左手捏着鸡两翼的腕关节部，提至胸部高度，并使鸡体垂下。右手持注射器，从下而上与翅面保持15度刺入皮肤，推注药液。注意避开血管，严防刺伤骨骼。皮下注射应选用较细针头（注射油性药液时可以用较粗的针头），忌用粗针头，以免因针孔大药物外流而影响疗效，且针孔大容易发炎流血。

2. 家禽的群体给药方法　家禽由于个体小，饲养数量大，大都集约化饲养，只有在不得已的情况下才应用个体给药方法，通常是采用群体给药法。群体给药法方便、快捷，较为适合大中型集约化养殖场。

（1）混饮给药。混饮给药又称饮水给药，是指将药物溶解于水中，让家禽自由饮用。混水给药适于短期投药或群体性紧急治疗，特别适用于禽类因病不能食料，但还能饮水的情况。混饮还是家禽免疫接种常用而又易用的群体免疫方法，省时省力，对禽群干扰小，可在短时间内达到全群免疫。采用混饮给药比混饲给药要好，因为饮水可以整天供应，同时大多数病鸡在无食欲时也会饮水。此外，因混饮给药导致家禽药物中毒的机会也较少。应用混饮给药，应注意下列问题。

①药品性质。应注意药物的溶解度。一般来说，药物的钠盐、钾盐、硫酸盐、盐酸盐等均属易溶于水的药物。通过混饮给药的主要是易溶于水的药品。较难溶于水的药物，通过加热、搅拌或加助溶剂等方法能溶解（但不被破坏）并可达到预防和治疗效果的，也可以通过饮水给药。对于经上述处理仍不能溶于水的药物，则不能混饮给药，但可以拌料给药。溶于水的药物，应至少在一定时间内不被破坏，中草药用水煎后再稀释也可通过饮水给药。可溶性粉和口服液可按要求稀释后饮水给药。

②掌握饮水给药时间的长短。在水中不易破坏的药物，如磺胺类药物、氟喹诺酮类药物，其药液可以让鸡全天饮用；对于在水中一定时间内易破坏的药物，如盐酸多西环素、氨苄西林等，药液量不宜太多，应让鸡在短时间（1～2小时）内饮完，从而保证药效。在规定时间内未能喝完的药液应及时去除，换上清洁的饮水。饮水时间过长，药物失效，时间过短，有部分鸡摄入剂量不足。

③注意药物的浓度。混饮给药浓度常用体积分数（微升/升或百分比）或质量体积分数（毫克/升）来表示。药物在饮水中的浓度最好以用药家禽的总体重、饮水量为依据。首先计算出一群家禽所需的药量，并严格按比例配制符合浓度的药液。准确地掌握药液浓度，才能避免浓度过低无疗效或过高产生中毒反应，从而取得预期的效果。药物在稀释前要准确称量，不可估算。具体做法是先用适量水将所投药物充分溶解，加水到所需量，充分搅匀后，倒入饮水器或饮水槽中供家禽饮用。不能将药物直接加入流动的水槽中，这样无法准确计量。饮水前要把水槽或饮水器冲洗消毒干净。

④水量控制。根据家禽的可能饮水量来计算药液量，药液宜现配现用，以一次用量为好，以免药物长期处于环境中放置而降低疗效。水量太少，易引起少数饮水过多的禽只中毒；水量太多，一时饮不完，达不到防治疾病的目的。如冬天饮水量一般减少，配给药液就不宜过多；而夏天饮水量增高，配给药液必须充足，否则就会造成部分禽只缺饮，影响药效。药液量常以家禽24小时饮水量的1/5～1/4为宜。

⑤水的处理。混饮给药一般用去离子水为佳，因为水中存在的金属离子可能影响药效的发挥。此外，也可选用深井水、冷开水、蒸馏水，如稀释疫苗最好使用灭菌蒸馏水或生理盐水。溶解和稀释药物不可用污染的河水、井水或池塘水，也不可用热开水。井水、河水最好先煮沸，冷却后，去掉底部沉淀物再用；经漂白粉消毒的自来水，在日光下静置2～3小时，待其中氯气挥发后再

用，以免因水中所含有的有关成分而影响药品的效价。加入了消毒药的水必须静置24小时后再饮用，否则会影响药效。

⑥提前断水。为使家禽在规定时间内能顺利将药液喝完，在用药前必须对其先行断水。舍温在28摄氏度以上，控制在1.5～2小时；28摄氏度以下，控制在2.5～3小时；或晚上开始断水，第2天早晨混饮给药。另外投药时，饮水器要充足，应多准备一些干净的饮水器具，保证禽群在同一时间内都能喝上水，避免家禽竞争饮水而导致饮药量不均。

⑦注意药物之间的配伍禁忌。若同时使用两种以上药物饮水给药时，必须注意它们之间的配伍禁忌。有些药物有相互协同作用，合用可以增强疗效，如盐酸环丙沙星与盐酸林可霉素、盐酸多西环素；有些药物同时使用时会发生中和、沉淀、分解等，使药物无效，如液体型磺胺药与酸性药物（B族维生素、维生素C、青霉素、盐酸四环素等）合用会析出沉淀。此外，磺胺类药物饮水给药时可与小苏打配合，以保护肾功能，防止尿酸盐沉积。

⑧注意药液的酸碱度。有些药物混入水中会改变酸碱度，若这种改变太大会影响到药物的吸收利用，如药液酸碱度小于6，则鸡的饮水量减少，药物摄入量也随之减少。红霉素、土霉素、氨基糖苷类和林可霉素都是弱碱性药物，在酸性水溶液中（酸碱度6～7）较有效。因此，在投药前最好先测定饮水的酸碱度以确保用药效果。

混饮给药的缺点是家禽的饮水量变化很大，饲料成分、日粮多少、水的品质、鸡的体重、鸡群健康状况、鸡舍的管理操作和温湿度都会影响到饮水量。如果饮水量比估计的少，则可能达不到治疗效果。相反，如果饮水量比估计的要多，则摄入的药物也多，可能造成药物残留或中毒等问题。尽管有不少资料提供了一些数据说明在什么气温、体重下，某种类的鸡（肉种鸡、蛋鸡或商品肉鸡等）每天喝多少水等，但未必完全适用于所有鸡场，应根据具体生产场的情况（禽种、饲养、管理、饲料、气温、湿度等）进行测算。根据每日饮水量记录档案确定每只禽的饮水量，结合每千克体重的药物剂量、水的品质与药物的关系，以及鸡的平均体重，即可准确计算在水中投入的药量，维持一定时间（依所用药物而定）以达到治疗或预防目的。

（2）混饲给药。混饲给药是将药物均匀混入饲料中，让禽类食饲料时能同时摄入药物。此法简单易行、切实可靠，适用于群体给药，特别适于预防性投药。对于不溶于水或适口性差的药物更为恰当。当病禽食欲差或不食时不能采用此法。通常抗球虫药、促生长剂及控制某些传染病的抗菌药物常用此法。应用混饲给药时，应注意下面几个问题。

①药物与饲料必须混合均匀，尤其是对于家禽易产生毒副作用的药物（如磺胺类及某些抗寄生虫药物等）及用量较少的药物，更要充分均匀混合。在使用时，必须采用少量分级的方法，充分搅拌，绝不能将少量药品直接倒入大量饲料中。具体做法是首先确定混饲的药物浓度，将药物与少量饲料混合均匀，然后将含有总药量的部分饲料与大量饲料混合，继续充分搅拌均匀，至所需饲料拌匀后才用以饲喂。大批量饲料混药，需多次逐步递增混合才能达到混合均匀的要求。将药物直接加入颗粒料中，常使药物沉积于料桶内而难以摄入。药物与饲料没有充分拌匀，药片没有充分研细，会造成局部饲料含药量增高，容易造成家禽中毒。

②注意掌握饲料中药物的浓度。对于一定要在饲料中用药来预防或治疗疾病的情况，先要精确估计鸡只的平均体重而确定每只鸡必需的用药量，然后估计每只鸡每日平均的摄入饲料量，再按此比例混入药物，使每只鸡每日都能吃到应有的药量。如果鸡群的均匀度在80%以上，可达到预期的用药效果。

③药物与饲料混合时，应注意饲料中添加剂与药物的关系，注意两者间的配伍禁忌。如较长时间应用磺胺类药物则应补给维生素B_1和维生素K；如应用氨丙啉时则应减少维生素B_1的用量。此外，在饲料中添加金霉素或土霉素时，这些抗生素会与饲料中的金属离子，尤其是钙离子结合而不能被肠道吸收利用，这时可在每千克饲料中添加13克硫酸钠使饲料中的钙离子与硫酸结合成不溶性硫酸钙。

④注意药物配伍禁忌。有许多家禽用药物有互相拮抗作用，不应同时联合应用，如泰妙菌素与盐霉素、甲基盐霉素等有拮抗作用。

（3）气雾给药。气雾给药是使用气雾发生器将药物分散成为微粒（包括液体或固体），让禽类通过呼吸道吸入或作用于皮肤黏膜的一种给药法。由于禽类肺泡面积很大，并有丰富的毛细血管，所以应用气雾给药时，药物吸收快，作用出现迅速，不仅能起到局部作用，也能经肺部吸收后出现全身作用。应用气雾给药时，应注意如下几个问题。

①药物的选择。要求使用的药物对禽类呼吸道无刺激性，而且又能溶解于其分泌物中，否则不能吸收。如果药物对呼吸系统有刺激性，易造成炎症。

②控制微粒的粗细。颗粒愈细进入肺部愈深，但在肺部的保留率愈差，大多易从呼气排出，影响药效。微粒较粗，则大部分落在上呼吸道的黏膜表面，未能进入肺部，因而吸收较慢。气雾的粒度大小要适宜。综合研究的结果表明，进入肺部微粒的粗细以0.5～5.0微米为最适合。

③掌握药物的吸湿性。要使微粒到达肺的深部，应选择吸湿性弱的药物，

而要使微粒分布到呼吸系统的上部，应选择吸湿性强的药物。因为具有吸湿强的药物粒子在通过湿度很高的呼吸道时其直径能逐渐增大，影响药物到达肺泡。

④掌握气雾剂的剂量。同一种药物，其气雾剂的剂量与其他剂型的剂量未必相同，不能随意套用。要确定气雾剂在防治禽病中的有效剂量，应测定气雾剂吸收后的血药浓度。

（4）外用给药。外用给药多用于禽的体表，以杀灭体外寄生虫或体外微生物，或用于禽舍、周围环境和用具等消毒。应用外用给药，应注意下面几个问题。

①根据应用的目的选择不同的外用给药法。如对体外寄生虫可用喷雾法，将药液喷雾到禽体、栖架、窝巢上；也可用药浴法给水禽及鸽治疗体外寄生虫病。杀灭体外微生物则常用熏蒸法。

②注意药物浓度。抗寄生虫药和消毒药物对寄生虫或微生物具有杀灭作用，同时对机体往往也有一定的毒性，如应用不当、浓度过高，易引起中毒。因此，在应用易引起毒性反应的药物时，不仅要严格掌握其浓度，还要事先准备好解毒药物，如用有机磷杀虫剂时，应准备阿托品等解毒药。

③用熏蒸法杀灭体外微生物时，要注意熏蒸时间，用药后要及时通风，避免对禽体造成过度刺激，尤其是对雏鸡、幼禽更要特别注意。

家禽常见病驱治常识

一、合理用药驱杀寄生虫

1.要正确掌握本场、本地区家禽寄生虫病发生规律 一定要全面了解和掌握本场、本地区家禽寄生虫的种类、侵害程度、流行季节等，以利科学安排最佳期驱虫。

2.要选用方便实惠的药物 如今散养家禽越来越少，规模养禽场越来越多，为提高工作效率、降低成本和节省用工，应选用具有饮水、混饲或喷雾等多种给药方式的药物，以利于大规模集中驱（杀）虫。用药量小、疗效高、低毒或无毒、适口性好、方便投药等是选用抗寄生虫药追求的目标。防治家禽寄生虫的药物不是越新、越贵、越奇、越洋就效果越好，应本着高效、低毒或无毒、价廉、易得的原则选用最适药物。

3.要选用广谱、高效、低毒或无残留的抗寄生虫药 家禽有时受一种寄生虫侵害，更多的是混合感染多种寄生虫，对此应据情选用广谱抗寄生虫药防治，实现一药多效和高效。应选用对成虫、幼虫或虫卵都可高效驱杀的药物，且用较小的剂量就能取得满意的驱（杀）虫效果。现在使用的抗寄生虫药多数没有同时驱（杀）成虫、幼虫和虫卵的作用，只对其中的一种或两种虫态有驱杀效果，因此，实际使用时应合理、科学选用两种或两种以上药物配合使用。此外，治疗家禽的抗寄生虫药，要尽力选用对寄生虫高毒又对宿主低毒或无毒的药物。家禽抗寄生虫药要选用对机体毒性小、疗效高的药物。此外，还应考虑所选药剂在家禽体内能否尽快降解或排出，以确保产品的质量安全。

4.采用最适驱虫方法 要根据不同的寄生虫病、禽群大小、禽的日龄等灵活选用驱虫方法。混饲和混饮投药时，事前应对小量禽群进行投药试验，确认安全后再大群驱虫。药物混饲应搅拌均匀。饮水给药应充分溶解并搅拌均匀。口服用药驱虫时，给药前应让禽群禁食12～24小时，以便让每只家禽摄入到有效的药量，大大提高整体防效；使用肠道驱虫药时，不得使用油性泻药，以防药物溶解和吸收加快，从而引发中毒。

5.轮换用药 要定期或不定期轮换使用抗寄生虫药物，以减少或延缓寄生虫对药物产生抗（耐）药性。

6.要高度重视药残　养禽时不得使用有机氯等高毒、高残留抗寄生虫药。鸡用左旋咪唑驱虫时，其肉、蛋用药7天后方可食用；如用噻苯咪唑驱虫，鸡肉用药1个月以后才可食用。无论使用何种抗寄生虫药，都应详记药残期，不到安全期的家禽产品一律不准出售和食用。

二、规范用药治疗传染病

1.抗菌类药物　合理地使用药物既可预防家禽感染发病，又可消灭病原体，净化环境，因此在生产实践中预防传染病都采用早期投药。投药时应注意以下几方面的问题。

（1）阶段性。某些疾病是在特定的易感期龄、发病季节或环境条件下存在的。根据这些规律有针对性地用药，将会收到理想的效果。

（2）时效性。用药时机至关重要，疾病在萌发状态或感染初期用药效果较好。若出现明显的临诊症状或形成流行后再用药，则效果往往欠佳。

（3）准确性。目前药品种类繁多，同种疾病可选药物往往有多种，做好药敏试验再行用药是解决用药准确性的切实可行的方法。

（4）合理性。使用药品必须严格按照说明书要求，根据家禽自身的状况确定用法、用量、疗程等。

（5）安全性。应慎用毒性过大、副作用强的药物，细菌性感染目前广泛采用抗生素、磺胺类、呋喃类药物治疗，但由于长期大量使用抗菌药物甚至滥用、乱用使病原菌的抗药性越来越强，并会破坏动物体肠道正常菌群，抑制机体免疫反应的形成。另外，肉、蛋内的药物残留也会对人体产生不良影响。因此，世界各国对抗生素的使用都做了严格的限制。

2.中草药制剂　不少中草药不仅能杀灭抑制病原微生物，而且能提高机体免疫功能，在防控畜禽病毒性疾病方面优势十分明显。它既能抗病毒，使发病家禽康复，又能抗菌，防止继发感染，还能提高家禽机体的抵抗力。这是抗生素类药物所不能比拟的，另外，鉴于西药有诸多的毒副作用，而中草药不良反应少、毒副作用小、无残留、不易产生耐药性。因此，目前已有多种抗菌中草药制剂和中草药饲料添加剂问世。

3.微生态制剂　微生态制剂是一种无毒副作用，致病菌不会产生耐药性的真正的"绿色"产品。目前，已有多种微生态制剂问世。微生态制剂等活菌药物宜在抗生素用过后现配现用，切忌与抗生素合用以免活菌失效。

三、多管齐下净化蛋媒病

能够经蛋传播的疾病被称为蛋媒病，常见的有鸡白痢、禽白血病和鸡支原体病等。对此类能够垂直传播的传染病，应该采取多种防控措施达到净化目的。

（1）鸡白痢要针对成年鸡种群进行定期检测，进行鸡白痢净化，建立健康鸡群。总共进行8次检测，分别为：60 ～ 70日龄、120 ～ 140日龄、160 ～ 170日龄、250日龄、300日龄、350日龄、450日龄、500日龄。第1次检测采用全血平板凝集试验对上笼前的种母鸡进行检测，淘汰阳性及可疑鸡群，并将阴性鸡转入严格消毒的空栏。前3次检测实行全群普检。以后每次检测的同时都对鸡舍进行有效的消毒。淘汰阳性鸡后，严格执行综合卫生防疫措施，将鸡白痢阳性率控制在体系要求范围内。

（2）对禽白血病、网状内皮组织增生症、鸡支原体病和鸡传染性贫血病等垂直传播疾病控制以保持纯系鸡良好的防疫条件为基础，全群普检并及时淘汰阳性个体鸡，严格消毒饲料避免病从口入。对环境严格消毒，包括孵化器、出雏器、育雏室、育成室、禽舍、设施和周边道路等，后备鸡饲养实行小笼饲养，群体规模控制在30只以内，100日龄以前实行每只鸡单笼饲养，淘汰阳性和疑似阳性的鸡，继续留种应确保所有鸡均为阴性。

家禽常见病识别及防治

下篇

家禽常见病识别与
防治应用

常见病毒病识别与防治

一、禽流感

禽流感是由A型流感病毒引起的家禽和野禽的一种高度接触性传染病。禽流感可分为高致病性和低致病性。高致病性禽流感能引起鸡、火鸡、鸭、鹅感染和大批死亡，还可感染人类。低致病性禽流感可引起轻度呼吸道症状，产蛋下降，零星死亡。

高致病性禽流感因其传播速度快、危害大，被世界动物卫生组织列为法定报告动物疫病，我国将其列为一类动物疫病。A型流感病毒有135种亚型，常见的高致病性禽流感主要有H_5N_1、H_5N_2、H_7N_7亚型。

1. 识别要点

（1）流行特点。本病易感染多种家禽和野禽，鸡和火鸡最容易被感染；发病的病禽是主要传染源；病毒主要通过病禽的各种排泄物、分泌物及尸体等污染饲料、饮水、空气、人员以及车辆，经消化道、呼吸道、伤口和眼结膜等引起水平传播，此外还能经卵垂直传播。

（2）临床症状。目前禽流感在疫苗频繁免疫下临床症状发生了变化，由过去典型烈性暴发转变为温和型，即非典型性。

高致病性禽流感主要表现为体温升高、食欲废绝、排出白绿色稀粪，冠和肉髯黑紫（图4-1-1）、边缘出现干性坏死，病鸡颜面和肉髯水肿；脚部鳞片出血（图4-1-2、图4-1-3）；病死鸡腹部皮肤呈紫红色；病鸡有神经症状如扭头、曲颈、转圈等。产蛋鸡产蛋率下降直至绝产，有轻微呼吸道症状。高致病性禽流感发病率100%、死亡率可达90%以上。

低致病性禽流感主要危害产蛋期的蛋鸡和种鸡，发病鸡精神沉郁，采食量下降，消瘦，母鸡产蛋减少，可由90%下降至20%，甚至绝产，蛋壳质量下降。轻度的导致严重的呼吸道症状如咳嗽等，流泪、窦炎、头和面部水肿、皮肤发绀、腹泻和神经症状。有些病禽发病迅速，往往突然死亡。病死率为10%～15%。

图4-1-1　冠和肉髯黑紫

图4-1-2　脚部鳞片出血（1）

图4-1-3　脚部鳞片出血（2）

图4-1-4　腺胃乳头出血

（3）病理变化。主要剖检病变有气管充血、出血、有血性分泌物，腺胃乳头出血（图4-1-4），肌胃内膜下层有出血斑（图4-1-5），肌胃与腺胃交界处呈

图4-1-5　肌胃内膜下层有出血斑

图4-1-6　肠系膜脂肪点状出血

33

带状或环状出血，心肌变性、心内外膜出血、心冠脂肪出血、肠系膜脂肪出血、腹部脂肪点状出血、肌胃腺胃脂肪出血（图4-1-6、图4-1-7、图4-1-8），胰出血、坏死，此为特征性病变（图4-1-9、图4-1-10）。产蛋鸡卵泡充血、出血，变性卵泡破裂，形成卵黄性腹膜炎，输卵管水肿、充血，输卵管内有蛋清样或脓性分泌物。喉、气管充血、出血（图4-1-11）。

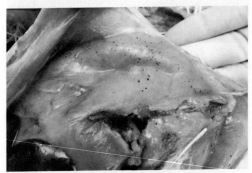

图4-1-7　腹部脂肪点状出血

图4-1-8　肌胃、腺胃脂肪点状出血

图4-1-9　胰出血、坏死

图4-1-10　胰坏死（鹅）

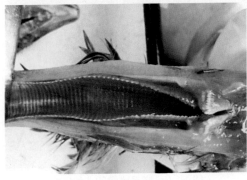

图4-1-11　喉和气管充血、出血

图4-1-12　重组禽流感H5亚型二价灭活苗

2.防控措施

（1）预防措施。平时做好饲养管理、卫生消毒和疫苗接种工作。高致病性禽流感是国家法定的一类传染病，国家要求强制对该病进行防疫接种，各地政府出资采购高致病性禽流感H5亚型三价疫苗（图4-1-12），养殖场自行根据生产情况安排防疫。免疫程序见表4-1-1（供参考）。

表4-1-1　禽流感免疫程序（供参考）

日龄	8周龄出栏肉仔鸡	100日龄出栏肉仔鸡	蛋鸡和种鸡	火鸡、鸭、鹅
10	皮下注射0.5毫升/只			
14		首免皮下注射0.3毫升/只	首免皮下注射0.3毫升/只	首免皮下注射0.5毫升/只
35		二免皮下注射0.5毫升/只	二免皮下注射0.5毫升/只	二免皮下注射1.0毫升/只
120			三免皮下注射0.5毫升/只	
备注	免疫一次（H5+H9二价苗）	免疫二次（H5+H9二价苗）	产蛋5个月后再免疫一次	产蛋5个月后再免疫一次

注：1.自2016年1月1日起，预防高致病性禽流感疫苗选用重组禽流感病毒H5亚型二价灭活疫苗（Re-6株+Re-8株），或重组禽流感病毒H5亚型三价灭活疫苗（Re-6株+Re-7株+Re-8株）。

2.120日龄，三免使用H5+H9二价苗。

（2）扑灭措施。养禽场一旦发生可疑高致病性禽流感时，应坚决按照农业部制定颁发的高致病性禽流感疫情处理规范和国家防治措施规范执行：①上报疫情和及时确诊；②严格隔离和消毒；③封锁疫点、疫区；④扑杀发病家禽并进行无害化处理，要求对疫点周围3千米以内的家禽全部扑杀；⑤紧急预防，对疫点周围3千米以外5千米以内的家禽实施紧急预防接种。

二、新城疫

鸡新城疫是由新城疫病毒引起的鸡的一种急性、烈性、高度接触性传染病。本病主要特征是呼吸困难，腹泻，伴有神经症状，成鸡严重产蛋下降，黏膜和浆膜出血，感染率和致死率均很高。

1.识别要点

（1）流行特点。

①本病易感染鸡、火鸡、珍珠鸡、鹌鹑、鸽，其中以鸡最易感染。不同年

龄鸡又以幼雏和中雏最易被感染，且病死率也高。

②病鸡是主要传染源，各种分泌物和排泄物都可排出病毒。

③传播途径主要是呼吸道和消化道。

④发病率与死亡率高达90%以上，近年出现非典型新城疫，其发病率和死亡率较低。本病一年四季均可发生，但以春秋季节多发。

（2）临床症状。根据临床表现和病程长短，可分为最急性、急性和慢性三型。此外，免疫鸡群还常发生非典型新城疫。

①最急性型。多见于流行初期和雏鸡。发病突然，常无特征症状而迅速死亡。

②急性型。一般症状：体温升高，垂头缩颈，翅下垂，冠及肉髯发绀，闭眼，似昏睡状，母鸡产蛋下降或停止等。急性型病程2～6天，死亡率可达90%以上。

典型症状有呼吸道、消化道症状。咳嗽，常伸颈、张口呼吸，并发出"咯咯"叫声（图4-2-1）。有黏液性鼻漏，口角流出黏液，摇头或吞咽动作。嗉囊膨胀，倒提病鸡口流出酸臭液体。严重腹泻，粪便稀薄，呈绿色、黄白或黄绿色（图4-2-2）。

图4-2-1 张口，发出"咯咯"叫声

图4-2-2 绿色粪便

③慢性型。以神经症状为主，反复发作，尤以受惊时更为明显。如翅膀、腿麻痹（图4-2-3、图4-2-4），头颈歪斜或后仰观天状（图4-2-5），或作转圈运动等。此型病程为10～20天，病死率较低。

图4-2-3　翅膀麻痹

图4-2-4　腿麻痹不能站立

图4-2-5　头颈后仰观天状

④非典型新城疫。临床症状不很典型，仅表现呼吸道和神经症状，其发病率和病死率较低，有时在产蛋鸡群仅表现产蛋下降。

（3）病理变化。

①最急性型病例常无明显病理变化。

②急性型的病变较特征。腺胃黏膜水肿，乳头或乳头间有鲜明出血点（图4-2-6、图4-2-7）。肌胃角质膜下常有出血点。十二指肠及泄殖腔黏膜出血，间有纤维素性坏死，盲肠扁桃体肿胀、出血和坏死。喉头、气管出血（图4-2-8）。心脏冠状脂肪有针尖状出血点（图4-2-9）。脑膜充血或出血。产蛋母鸡的卵泡及输卵管显著充血。肝、脾、肾无明显病变。

图4-2-6　腺胃乳头出血

图4-2-7　腺胃壁增厚、腺胃乳头出血

③非典型新城疫病理变化。此型病变不典型，即腺胃乳头出血比较少见。主要病变常见小肠黏膜出血、溃疡，形成枣核状坏死溃疡灶（图4-2-10、图4-2-11）。

图 4-2-8　喉头出血

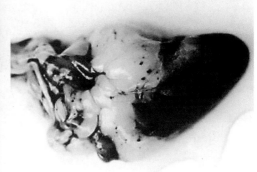

图 4-2-9　心冠状脂肪出血点

图 4-2-10　十二指肠黏膜枣核状溃疡

图 4-2-11　回肠黏膜枣核状溃疡

　　根据流行特点、典型临床症状和特征性病理变化即可作出初步诊断，确诊需要实验室诊断。

2.防控措施

　　（1）预防措施。新城疫是一种急性、烈性、高度接触性传染病，死亡率很高，因此要采取综合性防控措施。

　　①杜绝病源侵入鸡场。每个鸡场都要重视建好生物安全体系，在此基础上制定严格的兽医卫生消毒防疫制度，防止一切带毒动物（特别是鸟类）和污染物品进入鸡场。进入的人员和车辆应消毒。严禁从疫区引进种蛋和鸡苗，对新购入的鸡须接种新城疫疫苗，并隔离观察2周以上，证明健康后方可混群。

　　②重视鸡群的预防接种。首先制定适合于本鸡场的免疫程序，才能使鸡体

获得特异性免疫力，这是预防新城疫的有效手段。目前免疫程序的制定仍然离不开抗体监测。

新城疫疫苗分灭活苗和活疫苗两类，灭活疫苗主要是油乳剂灭活苗；活疫苗主要包括中等毒力苗和弱毒苗两类，中等毒力苗主要是Ⅰ系苗（Mukteswar株）（图4-2-12），弱毒苗有Ⅱ系苗（HB1株）、Ⅲ系苗（F株）、Ⅳ系苗（LaSota株，图4-2-13）和克隆-30。

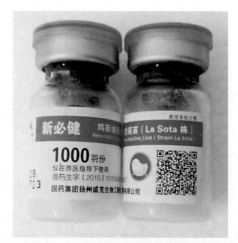

图4-2-12　鸡新城疫中等毒力活疫苗　　图4-2-13　新城疫Ⅳ系苗（LaSota株）

油乳剂灭活苗不受母源抗体影响，适合1日龄雏鸡免疫，没有散毒危险。只能注射不能饮水、滴鼻。Ⅰ系苗主要用于经过2次弱毒疫苗免疫后或2月龄以上的鸡，雏鸡不能使用，多采用刺种或肌内注射的方法接种，接种后3～4天即可产生免疫力，免疫期可达1年。Ⅱ系苗（HB1株）、Ⅲ系苗（F株）、Ⅳ系苗（LaSota株）和克隆-30疫苗，大、小鸡均可使用，可采用滴鼻、点眼、饮水及气雾等方法接种，免疫期短。

③新城疫免疫程序见表4-2-1（供参考）。

（2）控制措施。鸡群一旦发生本病，应立即采取紧急扑灭措施，防止疫情扩大。其措施有隔离发病鸡群，封锁鸡场，严格消毒，紧急免疫接种和扑灭病鸡。

紧急免疫接种，对生病鸡群和可疑感染群用新城疫高免抗体（如新城疫高免血清或高免卵黄抗体）进行紧急注射，对假定健康群的雏鸡和成鸡分别用Ⅳ系苗和Ⅰ系苗2倍剂量免疫接种，能较快控制疫情。对中后期的病鸡全部淘汰扑杀，并进行无害化处理（焚烧、深埋或高温处理）。

对于发病鸡群，尚有治疗价值者，可注射新城疫高免卵黄抗体。此外还可采用中药治疗，有呼吸症状的用麻杏石甘散、黄连解毒散、清肺止咳散三方合用，鸡冠发绀者用清瘟败毒散开水冲泡后饮水，能控制疫情减少死亡。

表4-2-1　新城疫免疫程序（供参考）

日龄	程序1	程序2	程序3
1～2		弱毒苗点眼鼻+灭活苗皮下注射	
10	弱毒苗点眼鼻		弱毒苗点眼鼻+灭活苗皮下注射
25～30	弱毒苗饮水加强		
40～45		Ⅰ系苗注射	
60	Ⅰ系苗注射		Ⅰ系苗注射
120～130	Ⅰ系苗2倍剂量注射或灭活苗皮下注射	灭活苗皮下注射+Ⅰ系苗饮水	灭活苗皮下注射+Ⅰ系苗饮水
备注	适合雏鸡抗体水平较高	适合雏鸡抗体水平低	适合老疫区

三、传染性支气管炎

鸡传染性支气管炎是由鸡传染性支气管炎病毒引起的鸡的一种急性、高度接触性呼吸道传染病。因血清型不同，又分为呼吸型、肾病变型、腺胃型、生殖型。

其特征是病鸡有咳嗽、喷嚏、气管啰音、流涕等呼吸道症状，或表现粪便呈白色水样、肾肿大、尿酸盐沉积等肾损害病症，或产蛋鸡产蛋减少和蛋的质量变劣。

1.识别要点

（1）流行特点。本病仅感染鸡，其他家禽均不感染。不同年龄的鸡死亡率不同，3～4周龄雏鸡死亡率为25%～30%，6周龄以上鸡死亡较少，只有0.5%～1.0%，20日龄内的雏鸡感染本病后可导致输卵管发育不全而失去产蛋能力。肾病变型和腺胃型多见于肉用仔鸡。

传染源主要是病鸡和康复后带毒鸡，病愈鸡可带毒40天。传播方式主要是通过飞沫经呼吸道传染，其次是经消化道传播。传播特点非常迅速，可在48小时内使有接触史的鸡发病，无季节性，但多见于冬春季节。

（2）临床症状。本病潜伏期约为36小时或更长，依据病毒侵害的主要器官和病鸡临床表现不同，分为呼吸型、肾病变型、腺胃型和生殖型四种。

①呼吸型，咳嗽、打喷嚏、呼吸困难、呼吸啰音。6周龄以上的鸡症状较轻，产蛋鸡除有呼吸道症状外，突出表现在产蛋量显著下降，并产畸形蛋、软壳蛋及沙壳蛋（图4-3-1），蛋壳色泽变浅（图4-3-2），蛋白稀薄如水并与蛋黄分离，病鸡康复后产蛋量不易恢复。

图4-3-1 畸形蛋，软壳蛋

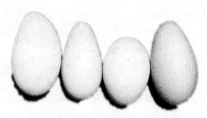

图4-3-2 蛋壳色泽变浅

②肾病变型，多发生于2～4周龄幼龄鸡，病初仅表现轻微的呼吸道症状，持续1～4天，呼吸道症状消失。尔后突然精神沉郁，排出白色水样稀粪，迅速消瘦，饮水量增加，脱水，雏鸡死亡率达10%～30%，6周龄以上鸡死亡率较低。

③腺胃型症状，多发生于60日龄内的雏鸡，发病鸡采食量下降，精神差，羽毛蓬松，高度消瘦，鸡群整齐度差，腹泻，排白色、黄绿色水样稀粪，最后衰竭死亡，死亡率约为25%。

④生殖型，传染性支气管炎病毒均会影响生殖功能，使产蛋量减少，感染越早影响越大。1～3周龄雏鸡感染，输卵管不能正常发育、畸形（称为幼稚型输卵管），到成年鸡阶段表现为体况良好，但鸡冠增厚、直立，但不产蛋，有时出现卵黄性腹膜炎，如腹部膨大，触诊有波动感，走路如企鹅状。

（3）病理变化。

①呼吸型。主要病变是鼻腔、鼻窦、气管和支气管内有浆液性、黏液性或干酪样渗出物，支气管、气管和喉部黏膜充血（图4-3-3、图4-3-4）、水肿，气囊混浊、增厚。病死雏鸡的后段气管和支气管中见有干酪样栓子（图4-3-5）。

②肾病变型。肾显著肿大、出血。肾小管内积有多量尿酸盐（图4-3-6），呈花斑肾。输尿管因积存大量尿酸盐而不同程度地扩张。严重病例心包膜、气囊膜、肝被膜等处，有不同程度的尿酸盐沉积，表现为内脏型痛风。

图4-3-3　气管和喉部黏膜充血、出血

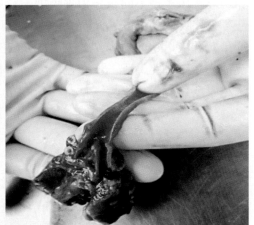

图4-3-4　气管支气管黏膜充血、出血

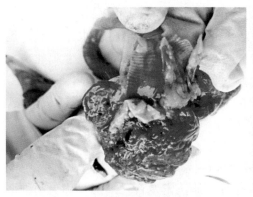

图4-3-5　支气管中有干酪样栓子

图4-3-6　肾肿大，充满白色尿酸盐

③腺胃型。腺胃肿大，变成球状（图4-3-7），浆膜变性，质硬，胃壁增厚，剪开呈外翻状，腺胃黏膜出血、溃疡（图4-3-8），乳头肿大、突起，中间凹陷，周边出血，轻压有大量褐色分泌物。

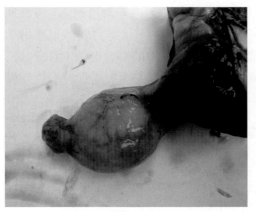

图4-3-7　腺胃肿大，变成球状

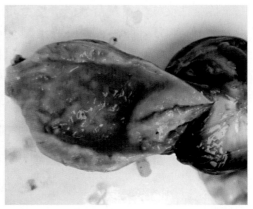

图4-3-8　腺胃壁增厚、黏膜出血、溃疡

④生殖型。卵泡发育正常，卵泡成熟后排入腹腔、输卵管内，打开腹腔可见积存有大量液状或凝固卵黄，形成幼稚型输卵管（图4-3-9），可见输卵管畸形、变短、闭塞、形成水疱、囊肿等。

图4-3-9　母鸡幼稚型输卵管

2.防控措施

（1）预防措施。

①免疫接种。目前尚无有效药物治疗本病，疫苗接种是控制本病的主要手段。

传染性支气管炎疫苗分弱毒疫苗和油乳剂灭活苗，国内外常用M_{41}型弱毒疫苗（有H_{120}和H_{52}两种），对呼吸道型有较好的预防效果，H_{120}毒力弱，主要用于4周龄内的雏鸡免疫，H_{52}毒力较强，只能用于4周龄以上的鸡，剂量1羽份/只，不能用2倍剂量免疫，灭活苗适用于各种日龄的鸡只。传染性支气管炎病免疫程序见表4-3-1。

表4-3-1　传染性支气管炎免疫程序（供参考）

日龄	呼吸道型	呼吸道型	肾病变型	腺胃型
4～5	H_{120}首免		Ma5弱毒苗基础免疫+灭活苗首免	
8				腺胃型传染性支气管炎首免
15～20		H_{120}首免		
25			油乳剂灭活苗二免	
30	H_{52}二免			腺胃型传染性支气管炎二免
60		H_{52}二免		
120～130	油乳剂灭活苗三免	油乳剂灭活苗三免	多价（2～3个型毒株）灭活苗三免	新城疫-产蛋下降综合征-多价传染性支气管炎-腺胃传染性支气管炎四联疫苗
备注	母源抗体低	母源抗体高	适合发生过肾型传染性支气管炎鸡场	发生过腺胃型传染性支气管炎鸡场

②采取综合预防措施。特别注意调控好鸡舍的空气，加强通风，防止有害气体的刺激，加强饲养管理，适当补充维生素（尤其是维生素A），增强鸡群的抗病力。对肾型传染性支气管炎，用消肾肿药（如0.1%碳酸氢钠）让鸡饮水3天，降低日粮中蛋白含量。

（2）控制措施。对发病鸡群可采用抗病毒、止咳平喘、抗菌药物进行治疗，也可采用中药进行治疗，以降低死亡率。有人将中药麻杏石甘散、清瘟败毒散用开水冲泡，给鸡饮水也收到很好疗效。

四、传染性法氏囊病

传染性法氏囊病是由传染性法氏囊病病毒引起幼鸡的一种急性、高度接触性传染病。本病发病率高、病程短，呈峰式死亡。本病是一种免疫抑制病，即雏鸡感染后，可导致免疫抑制或免疫缺陷，从而造成多种疫苗免疫失败或诱发多种疾病，给养鸡业造成巨大损失。

1.识别要点

（1）流行特点。在自然条件下，本病只感染鸡，各品种鸡都能被感染。10日龄内雏鸡感染后不发病，以3～6周龄的鸡最易发病，成年鸡感染后表现为亚临床症状。传染源主要是病鸡和隐性感染鸡。传播途径主要经呼吸道、消化道、眼结膜等感染健康鸡，病毒在环境中可持续存在122天以上。

本病往往突然发生，传播迅速，在鸡群中发现有病鸡时，全群鸡几乎已全部感染。发病率可达100%。邻近鸡不久也将发病。鸡群通常在感染后第3天开始死亡，于5～7天达到最高峰，以后逐渐减少，发病鸡群呈峰式死亡曲线（图4-4-1）。死亡率差异较大，有的仅为3%～5%，一般为15%～30%，严重时可达60%以上。本病一年四季均可发生，但以冬春季节较为严重。

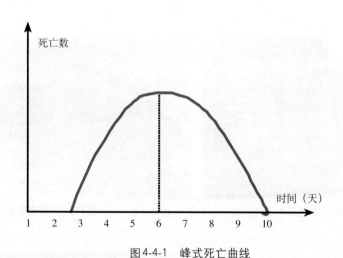

图4-4-1　峰式死亡曲线

（2）临床症状。潜伏期2～3天。鸡群突然发病，食欲减少或不食，畏寒，排白色水样稀粪（图4-4-2），脱水，趾爪干瘪，呈昏睡状态，最后衰竭死亡，病程5～7天。

（3）病理变化。病死鸡严重脱水，胸部和腿部肌肉有点状或刷状出血斑（图4-4-3）。肌胃和腺胃交界处有溃疡和出血斑（图4-4-4）。肝土黄色有白色条状坏死。法氏囊肿大，浆膜外有胶样渗出，囊混浊，囊内皱褶出血，严重者形成紫葡萄色样出血（图4-4-5、图4-4-6），后期萎缩，内有混浊液体或干酪样物。肾肿大、苍白，输尿管内积有尿酸盐，严重者形成花斑肾（图4-4-7）。

图4-4-2　白色水样稀粪

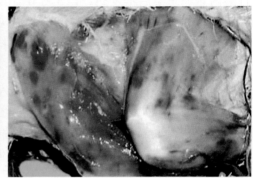

图4-4-3　胸部、腿部肌肉有点状或刷状出血斑

图4-4-4　肌胃和腺胃交界处有出血斑

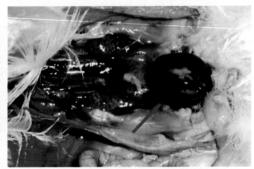

图4-4-5　法氏囊肿大、紫葡萄色样出血

图4-4-6　法氏囊肿大、黏膜出血

图4-4-7　法氏囊肿大，花斑肾

2. 防控措施

（1）预防措施。

①免疫接种。定期进行预防接种，是控制本病流行的有效措施，免疫程序见表4-4-1。

表4-4-1　传染性法氏囊病免疫程序（供参考）

日龄	程序1	程序2	程序3
1	弱毒疫苗经点眼、滴鼻		
14～21	中等毒力疫苗二免	中等毒力疫苗首免	中等毒力疫苗首免
42～49		中等毒力疫苗二免	中等毒力疫苗二免
70～84			中等毒力疫苗三免
120～140			油乳剂灭活苗注射
280～300			油乳剂灭活苗注射
备注	适合无母源抗体或低母源抗体	有母源抗体	适合种鸡

②采取综合预防措施。平时加强对鸡群的饲养管理和卫生消毒工作，防止本病病毒进入鸡场。在疫区预防本病时，首先要注意对环境的消毒，特别对育雏室的消毒要严格、彻底。

（2）控制措施。在发病早期使用卵黄抗体对鸡群进行紧急接种，1毫升/只，100毫升卵黄抗体中加入庆大霉素20万国际单位，同时鸡群用电解多维、黄芪多糖可溶粉饮水3～5天，缓解鸡脱水和抗应激。

五、马立克氏病

马立克氏病是由疱疹病毒所引起的一种淋巴组织增生性肿瘤疾病。本病具有很强的传染性，是一种严重的免疫抑制病。小鸡感染不表现症状，到大鸡时才发病死亡，对养鸡生产特别是蛋鸡生产造成巨大的经济损失，应高度重视本病的预防工作。

1. 识别要点

（1）流行特点。本病易感染鸡，其次是火鸡、野鸡、珍珠鸡，鹌鹑也能自然感染，其他动物不易感染。不同品种、年龄、性别的鸡均能感染。鸡一旦感染病毒终身带毒，但发病率差异很大，一般从少数几只到高达85%不等，一般为2～5月龄的鸡易发病，患病鸡多死亡，极少出现康复者。传染源是患病鸡和带病鸡，感染鸡羽毛囊上皮、皮屑和鸡舍中尘埃也是传染源，此外患病鸡和带病鸡的排泄物、分泌物及舍内垫草也具有很强的传染性。主要通过呼吸道感染，其次通过消化道和吸血昆虫叮咬而感染。

（2）临床症状。本病为肿瘤性疾病，潜伏期较长。根据临床表现和病变发生的部位不同，本病可区分为四种类型：内脏型（急性型）、神经型（古典型）、皮肤型和眼型。

①内脏型。常呈急性暴发，起初大批鸡精神委顿，食欲明显下降或不食，数日后，部分鸡出现共济失调，接着表现为单侧或双侧肢体麻痹。病死鸡多表现为脱水、渐进消瘦。有时也会出现无特征症状而突然死亡。

②神经型。主要侵害外周神经，造成不全或完全麻痹，有特征性"劈叉"姿势。最常见坐骨神经受到侵害，表现步态不稳，伏地不起，呈特征性"劈叉"姿势（图4-5-1、图4-5-2）；臂神经受到侵害导致翅下垂；颈部神经受害则头下垂或颈歪斜；迷走神经受到侵害可引起嗉囊扩张或喘息。

图4-5-1 病鸡"劈叉"姿势

图4-5-2 腿麻痹呈"劈叉"姿势

③皮肤型。较少见，在皮肤的羽毛囊部位出现小结节或瘤状物，特别是换羽期的鸡表现最明显，翅膀、颈部、大腿、背部等处毛囊肿大，皮肤增生，形成弥漫性肿瘤结节。

④眼型。很少见，虹膜色素（特征）消失，由正常的橘红色变为灰白色，瞳孔变小，边缘不整呈锯齿状，严重者瞳孔呈针头大小孔，俗称"灰眼""鱼眼"或"珍珠眼"，造成一侧或双侧视力消失。

（3）病理变化。

①内脏型。主要病理变化在卵巢、肝、脾、肾、心、肺、胰腺、腺胃、肠壁

和骨骼肌等，形成大小不等的灰白色结节样肿瘤病灶。肿瘤结节略突出于脏器表面，灰白色，切面呈脂肪样（图4-5-3、图4-5-4、图4-5-5、图4-5-6、图4-5-7）。有的肝、脾、肾和卵巢呈急性肿大，肝比正常肿大5～6倍，但法氏囊一般萎缩（与禽白血病相区别）。

图4-5-3　肝肿大表面有大小不一的肿瘤

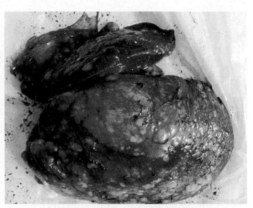
图4-5-4　肝肿大有灰白色肿瘤

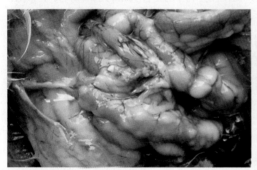
图4-5-5　肠道上分布有大小不一的肿瘤

图4-5-6　脾肿大有灰白色肿瘤

图4-5-7　心脏有肿瘤
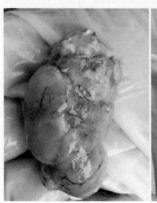
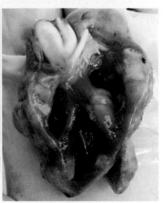

图4-5-8　颈部皮下有肿瘤

②神经型。主要侵害坐骨神经丛、臂神经丛、腹腔神经丛及内脏大神经等，一般多见单侧神经干受害变粗，比正常粗2～3倍以上，呈灰白色或淡黄色，神经膜水肿，横纹消失。因病变常侵害单侧，可与对侧神经比较观察，有助于诊断。

③皮肤型。在羽毛囊周围结节部的真皮及皮下组织内有大量多形态的淋巴细胞呈灶状或弥漫性浸润（图4-5-8）。

2. 防控措施

（1）预防措施。目前，本病尚无有效治疗方法，免疫接种是预防关键，疫苗接种必须在雏鸡刚出壳后（24小时内）立即进行，接种方法为颈部皮下注射0.2毫升/只。

加强环境卫生与消毒，尤其是孵化出雏室和育雏室的消毒，对防止雏鸡的早期感染非常重要。加强饲养管理，提高机体的抵抗力。采取全进全出的制度，雏鸡应与成年鸡分开饲养。防止应激因素和预防免疫抑制病。

（2）控制措施。一旦发生本病，只有淘汰鸡舍内所有的鸡，清洁、消毒鸡舍，空舍数周让其自然净化。

六、产蛋下降综合征

产蛋下降综合征是由禽腺病毒引起的以产蛋下降为特征的传染病。病鸡无明显症状，而以产蛋量骤然下降、蛋壳异常（软壳蛋、薄壳蛋）、畸形蛋、蛋质低劣和蛋壳颜色变淡为特征。

1. 识别要点

（1）流行特点。本病易感染动物是鸡，鸭、鹅、野鸭和多种野禽带毒但不发病。本病主要侵害26～32周龄的高产蛋鸡，尤其是产褐壳蛋的母鸡最易感，35周龄以上的鸡很少发病，幼龄鸡感染后不发病。传染源主要是病鸡和带有病毒的禽类。本病主要传播方式是经受精卵垂直传播，也可发生水平传播。

（2）临床症状。潜伏期1周左右，被感染产蛋鸡群没有明显的临床症状，往往在26～32周龄，产蛋鸡突然出现群体性产蛋下降，产蛋率可下降

20%～50%。蛋的品质变差，如蛋壳色泽变浅，产薄壳蛋、软壳蛋、畸形蛋等，蛋黄色淡，蛋清稀薄如水，有时蛋清中混有血液或异物等，异常蛋可占产蛋量的15%以上。蛋的破损率可达40%左右。病程可持续4～10周，以后可逐渐恢复到正常，但产蛋率恢复不到原来水平。病鸡死亡率无明显变化。

（3）病理变化。本病无特征性病变，偶见输卵管黏膜水肿、苍白、肥厚，有时见卵巢萎缩，卵泡稀少，或卵泡变形、出血。输卵管蛋白和蛋壳分泌部黏膜有水肿和白色渗出物（图4-6-1、图4-6-2）。

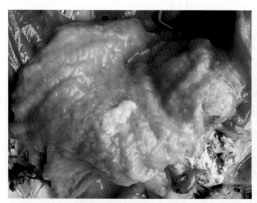 

图4-6-1　输卵管黏膜有水肿和白色渗出物　　　图4-6-2　输卵管黏膜有白色渗出物

2.防控措施

（1）预防措施。主要靠免疫接种以及综合性预防措施来预防。无本病的地区或鸡场严禁从疫区引入种蛋、雏鸡和种鸡等。免疫接种疫苗：目前国内外均采用产蛋下降综合征油乳剂灭活疫苗、新城疫-产蛋下降综合征二联苗和新城疫-产蛋下降综合征-传染性支气管炎三联油佐剂灭活苗；接种日龄：110～130日龄；方法与剂量：肌内注射，每只0.5～1毫升，免疫1次，免疫期可达1年，种鸡在35周龄再接种1次，其雏鸡可获得高水平的母源抗体。

（2）控制措施。发病鸡群应尽快紧急免疫接种产蛋下降综合征油乳剂灭活疫苗，1毫升/只，通常可以在2周内控制疫情。产蛋下降期的种蛋不可留作种用。同时做好鸡舍及周围环境清洁和消毒工作，粪便无害化处理，防止饲养管理用具和人员串走。

七、禽白血病

禽白血病是由禽白血病病毒引起的禽类多种肿瘤性疾病的统称，病变包括各种良性肿瘤和恶性肿瘤。主要有淋巴细胞性白血病，其次是成红细胞性白血病、成髓细胞性白血病。此外还有骨髓细胞瘤、结缔组织瘤、上皮肿瘤、内皮肿瘤等。目前该病在世界各国商品肉鸡、蛋用型鸡均有发生。

1. 识别要点

（1）流行特点。自然条件下只能感染鸡，母鸡比公鸡易感，日龄越小越易感，通常4～10月龄的鸡发病率最高，即在性成熟或即将性成熟的鸡群，呈渐进性发病；不同品种的鸡易感性差异很大。

病鸡和带毒鸡是该病的传染源，带毒母鸡产出的鸡蛋带毒，且孵出的雏鸡也带毒，这是重要的传染源。外源禽白血病病毒有两种传播途径，垂直传播和水平传播。禽白血病病毒感染会引起免疫抑制，严重影响鸡只对疫苗的应答能力，并常继发其他细菌或病毒的感染，给养鸡业造成严重的经济损失。

（2）临床症状。禽白血病由于感染的毒株不同，患病鸡所表现症状而有差异。

①淋巴细胞性白血病是最常见的一种病型，14周龄以内的鸡极为少见，14周龄以后发病，性成熟期发病率最高。本病无特征性症状，只表现一般性全身症状，病鸡进行性消瘦和贫血，鸡冠及肉髯苍白，腹泻，产蛋停止，最后衰竭死亡。

②成红细胞性白血病比较少见，通常发生于6周龄以上的高产鸡。临床上分为两种病型：即增生型和贫血型。

③骨髓细胞瘤是禽白血病病毒-J亚型引起的一种新的肿瘤性疾病，主要发生于肉鸡。病鸡的骨骼上常见由骨髓细胞增生而形成的肿瘤，因而病鸡的头部、胸部和跗骨异常突起，病程一般很长。

（3）病理变化

①淋巴细胞性白血病。剖检可见肿瘤主要发生于肝（图4-7-1、图4-7-2）、

图4-7-1　肝肿大覆盖胸腹腔有白色肿瘤结节　　　图4-7-2　肝肿大有弥漫性白色结节

脾（图4-7-3、图4-7-4）、肾、法氏囊（图4-7-5），也可侵害心肌、性腺、骨髓、肠系膜（图4-7-6）和肺。肿瘤呈结节性或弥漫性，灰白色到淡黄白色，大小不一，切面均匀一致，很少有坏死灶。法氏囊肿大可与马立克氏病相区别。

图4-7-3　脾肿大有弥漫性白色肿瘤结节

图4-7-4　脾肿大有白色结节

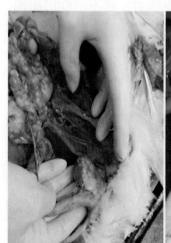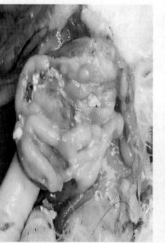

图4-7-5　法氏囊肿大，黏膜出血

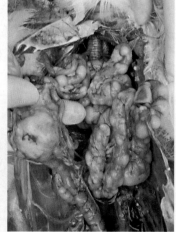

图4-7-6　肠道上有大小不一的白色肿瘤

②骨髓细胞瘤。骨髓细胞瘤呈淡黄色、柔软脆弱或呈干酪状，呈弥散或结节状，且多两侧对称。

2.防控措施 本病目前无有效的疫苗和治疗方法。传播途径既可垂直传播，也可水平传播。因此，减少种鸡群的感染率和建立无禽白血病的种鸡群是目前防制本病的最有效的措施。商品鸡饲养者不要从有禽白血病种鸡场引进雏鸡苗。

八、禽痘

禽痘是由禽痘病毒引起的家禽和鸟类的一种急性、高度接触性传染病。

1.识别要点

（1）流行特点。本病主要发生于鸡和火鸡，鸽也有发生，鸭和鹅的易感性低。鸡易感性最高，各种年龄、性别、品种都可感染。鸡发病以雏鸡和青年鸡最为严重，雏鸡往往大批死亡。本病一年四季均可发生，但以夏秋季节多发，其中蚊子（库蚊、疟蚊）是重要传播媒介，蚊子带毒时间可达10～30天。

病鸡脱落和碎散的痘痂是病毒散播的主要形式。传播途径为接触传播，病鸡与健康鸡的直接接触传播或经传播媒介蚊子叮咬（间接接触）传播。

（2）临床症状。潜伏期3～6天。根据侵犯部位不同可分为皮肤型、黏膜型和混合型。

①皮肤型。在皮肤无毛部位，如冠、髯、眼睑、喙角、翅下、肛门周围、腿部皮肤等处形成痘疹（图4-8-1、图4-8-2、图4-8-3、图4-8-4、图4-8-5）。初期为细薄的灰色麸皮状覆盖物，随即迅速长出灰白色小结节，逐渐增大，形成黄褐色疣状丘疹，发痘为红褐色或黑褐。产蛋鸡产蛋率下降。

图4-8-1 鸡冠上形成痘疹

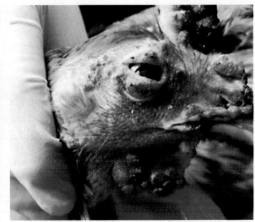

图4-8-2 鸡冠肉髯上形成痘疹

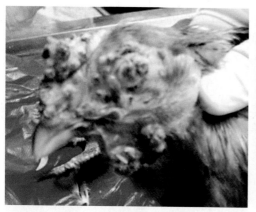

图4-8-3 眼睑皮肤形成痘疹

图4-8-4 腿部内侧皮肤形成痘疹

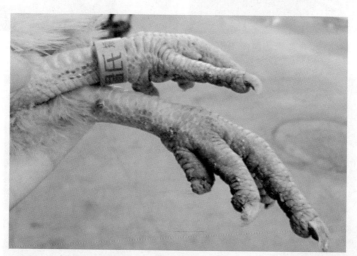

图4-8-5 爪部皮肤形成痘疹

②黏膜型（白喉型）。多发生于小鸡和青年鸡，病死率较高，小鸡可达50%。病初呈鼻炎症状，鼻流出水样分泌物，以后变成淡黄色黏稠的脓液，时间稍长后，由于眶下窦有炎性渗出物蓄积，造成病鸡眼部肿胀，可以挤出干酪样的凝固物质，甚至引起角膜炎而失明。2～3天后，于口腔和咽喉黏膜上生出黄白色的小斑点，继而，小斑点相互融合形成一层伪膜，严重时，由于伪膜不断增厚、扩大，可致病鸡吞咽及呼吸困难而引起窒息死亡。

③混合型。皮肤和黏膜型同时发生严重病变，病死率高。

（3）病理变化。皮肤型病变和临诊所见相似。黏膜型病变在口腔、鼻、咽、

55

喉、眼或气管黏膜上有隆起的白色结节，成黄色奶酪样坏死（图4-8-6、图4-8-7、图4-8-8）。口腔黏膜的病变有时可延伸到气管、食道和肠道。肠黏膜可能有点状出血。肝、脾、肾常肿大。心肌有时呈实质变性。

图4-8-6 后鼻孔、喉头覆有黄白色渗出物

图4-8-7 喉头覆有黄白色渗出物

图4-8-8 喉头黄白色渗出物延伸到气管

2. 防控措施

（1）预防措施。加强饲养管理，控制饲养密度，加强鸡舍的卫生、消毒管理，特别要做好驱蚊、灭蚊工作。免疫接种是预防本病行之有效的措施。目前国内使用的鸡痘疫苗有鸡痘鹌鹑化弱毒苗和鸡痘鹌鹑化细胞苗两种，其中前者应用较多。

接种方法是用消毒后的鸡痘刺种针或钢笔尖蘸取稀释的疫苗，在鸡翅内侧无血管处皮下刺种。6日龄以上雏鸡用200倍稀释的疫苗刺种1针，20日龄以上雏鸡用100倍稀释的疫苗刺种1针，1月龄以上的青年鸡群用100倍稀释的疫苗刺种2针。刺种后3～4天检查，如刺种部位出现红肿、水疱及结痂，2～3周结痂脱落，表示接种成功，否则，应予补种。免疫期成年鸡5个月，雏鸡2个月。

（2）控制措施。一旦发生本病，应隔离病禽，病重者淘汰，死禽深埋或焚烧。禽舍、用具等要严格消毒。

九、禽安卡拉病毒病

禽安卡拉病毒病又称禽包涵体肝炎——心包积液综合征，本病是由 I 群腺病毒－血清4型引起。

1. 识别要点

（1）流行特点。本病容易感染1～3周龄的肉鸡、817黄羽肉鸡、麻鸡，也可见于肉种鸡和蛋鸡，其中以3～7周龄的鸡发病较多。常于3周龄感染发病，开始死亡，第4～5周达到高峰，持续1周左右，以后鸡只死亡数量开始减少，病程9～15天，死亡率达20%～80%。病鸡和带病毒鸡是主要传染源。病毒既可经粪便、气管、鼻黏膜分泌物水平传播，也可经精液、种蛋垂直传播，但以垂直传播为主。

（2）临床症状。本病潜伏期较短，一般少于2天，发病初期长势良好的鸡只，无明显先兆突然发病，精神沉郁，甩鼻、呼吸加快，排黄色稀粪便，两腿在空中划动等神经症状，病鸡呈蜷曲姿势，数分钟内死亡。蛋鸡还会表现为产蛋下降。

（3）病理变化。该病特征性病变是心包积液和肝肿大、坏死、出血，有脂肪变。心脏肿大、松软，心包有大量的淡黄色或黄色混浊积液，呈胶冻样（图4-9-1、图4-9-2）；肝肿大、质脆、易碎，出现大量斑点形或条纹状的出血（图4-9-3、图4-9-4）；肾肿大、出血，花斑肾（图4-9-5）；肺水肿、瘀血，有渗出液（图4-9-6）；腺胃和肌胃交界处有出血带。

2. 防控措施

（1）预防措施。本病的预防首先要从饲养管理和生物安全方面考虑。加强平时的饲养管理，不饲喂霉变饲料，尽量减少应激，避免从发病鸡场引进雏鸡。控制和清除免疫抑制病如传染性法氏囊病和鸡传染性贫血，对预防本病具有重要意义。

免疫接种是预防本病最有效的措施。目前已经有腺病毒 I 群-4型油乳剂灭

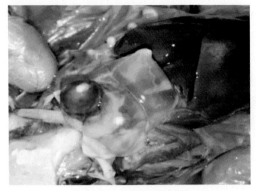

图4-9-1　心包积液黄色

图4-9-2　心包积液黄色呈胶冻样

图4-9-3　肝肿大，有坏死点和出血点

图4-9-4　心包积液、肝肿大有出血点、质脆

图4-9-5　肾肿大出血，花斑肾

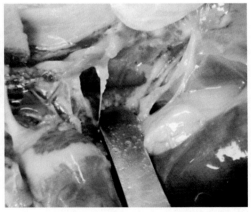

图4-9-6　肺水肿，有积液

活疫苗，腺病毒Ⅰ群－4型、8型二价灭活疫苗。在发病率较高的地区，对种鸡进行免疫，提高雏鸡的母源抗体，这样对鸡群的保护效果更好。雏鸡一般在7～10日龄进行疫苗接种。

（2）控制措施。鸡场发生本病立即采用高免抗体对鸡进行紧急免疫接种，2毫升/只，肌内注射，2天后死亡停止。同时对雏鸡尽快饲喂维生素C和维生素K以及对肝无损害的广谱抗生素，可大大降低经济损失，切忌用对肝有损伤的药物，否则将加大死亡率。

十、鸭瘟

鸭瘟又名鸭病毒性肠炎，是由鸭瘟病毒引起的鸭、鹅及其他雁形目禽类发生的一种急性败血性传染病。本病主要临床特征是体温升高，两脚麻痹，腹泻、病鸭头颈部肿大，故俗称"大头瘟"。

1. 识别要点

（1）流行特点。自然条件下，本病容易感染鸭和鹅，鸡、火鸡、鸽、鹌鹑和哺乳动物等均不感染。成年鸭多发，尤其是产蛋母鸭的发病率和死亡率最为严重，1月龄以内的雏鸭很少发病。

传染源主要是病鸭和潜伏期的感染鸭，以及病愈不久的带毒鸭。传播途径为消化道、呼吸道、交配、吸血昆虫。本病一年四季都可发生，但以春夏之季和秋季流行最为严重。

（2）临床症状。自然感染的潜伏期一般为3～4天。病初食欲减少，饮欲增加，体温升高达43～44摄氏度，呈稽留热。两腿麻痹，行走困难，不愿行走。流泪和眼睑水肿，眼半闭。腹泻，排绿色稀便，污染泄殖腔周围羽毛。病鸭头部肿大，故称"大头瘟"。呼吸困难，伴有湿性啰音，从鼻孔流出浆液和黏液性分泌物，表现鼻塞和叫声嘶哑。泄殖腔外翻，泄殖腔黏膜水肿、充血，严重时，黏膜有黄色伪膜。

（3）病理变化。主要病变是全身性出血。"大头瘟"典型病例表现为头颈部皮下有黄色胶样或淡黄色液体渗出物。食道黏膜和泄殖腔黏膜有纵向排列的灰黄色伪膜覆盖或小的出血斑点，伪膜不易剥离，强行剥离后可见到溃疡（鸭瘟特征性病变）。腺胃与食道交界处有灰黄色出血带和坏死带。肠道形成环状出血带，呈戒指样，突出于黏膜表面，整个肠道充血、出血。产蛋母鸭卵泡增大，有出血点和出血斑，卵泡破裂引起腹膜炎。肝肿大，早期有出血性斑点，后期形成大小不一的灰黄色坏死灶，少数坏死灶中间有出血点（鸭瘟特征性病变具有重要的诊断意义）。心内膜、心外膜呈刷状出血，胸腺有出血点和坏死点（图

4-10-1）；脾呈黑紫色，体积缩小，有坏死点；肾肿大，有出血点。

鹅的鸭瘟病变与鸭基本相似。

2.防控措施

（1）预防措施。严禁从疫区引进种蛋、苗鸭及种鸭，禁止到鸭瘟流行区及野禽出没的水域或有病鸭群下游河流放牧。从非疫区引进的种鸭应隔离观察2周才准混群饲养。

免疫接种，定期接种鸭瘟弱毒疫苗（鸭瘟鸡胚化弱毒疫苗），一般

图4-10-1　心脏冠状脂肪有出血点

在20日龄进行首免，肉用鸭群仅须免疫1次，蛋用或种用鸭群应在5月龄时加强免疫1次；3月龄以上鸭免疫1次即可（因免疫期可达1年）；鹅免疫接种日龄与鸭相同，剂量为鸭的5～10倍量。

（2）控制措施。鸭鹅场一旦发生鸭瘟，应立即采取严格隔离、封锁、消毒和紧急预防接种等措施。受威胁地区所有鸭和鹅均用鸭瘟弱毒疫苗进行紧急免疫接种，剂量为免疫接种的10～20倍。一般在接种后1周内死亡率显著降低，随之发病死亡停止。发病的鸭群在早期可用抗鸭瘟高免血清治疗，肌内注射，每只鸭0.5～1毫升，鹅1～2毫升，能够迅速控制疫情和降低死亡率。

十一、鸭病毒性肝炎

鸭病毒性肝炎是雏鸭的一种急性、高度致死性传染病。本病特征是发病急，传播迅速，病程短，死亡率高（可达90%以上）。临诊特点为角弓反张，病变特征为肝肿大和出血。本病可给养鸭业带来很大的经济损失。

1.识别要点

（1）流行特点。本病主要发生于3～20日龄雏鸭，尤其是5～10日龄最易感。成年鸭有抵抗力，其他禽类和哺乳动物不发病。病鸭和带毒鸭是主要传染源，主要通过消化道和呼吸道感染，而不经种蛋传播。本病一旦发生，在短时间内可迅速传播，发病率可高达100%。死亡率与年龄有关：1周龄内的雏鸭死亡率可达95%以上；1～3周龄的雏鸭死亡率为50%以内；4周龄以上的患病小鸭死亡率较低；成年鸭有抵抗力。

（2）临床症状。本病潜伏期1～4天。发病突然，病程短促。病初精神萎靡，不食，腹泻，排出稀薄带绿色粪便；随后出现神经症状，运动失调，身体

倒向一侧，两脚痉挛性反复踢蹬，约十几分钟后死亡。死前多数病鸭头向后弯，呈角弓反张姿势（图4-11-1、图4-11-2），俗称"背脖病"，这是死前的典型症状。喙端和蹼瘀血发绀。

图4-11-1　鸭头向后弯，角弓反张

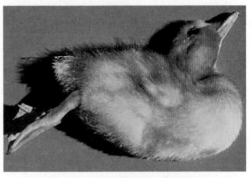

图4-11-2　鸭呈角弓反张姿势

（3）病理变化。特征性的病变在肝，肝稍肿大、质脆易碎，外观呈土黄色或黄红色，肝表面有针尖大到绿豆大不等的出血斑或出血点（图4-11-3、图4-11-4、图4-11-5）。胆囊肿大，充满胆汁。脾有时肿大，外观呈斑驳状（图4-11-6）。多数肾充血、肿胀。心肌苍白、柔软、无光泽，如煮肉状（图4-11-7）。气囊中有微黄色渗出液和干酪样物。其他脏器常无明显病变。

图4-11-3　肝质脆、有出血斑点

图4-11-4　肝有针尖出血斑

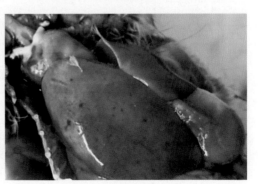

图4-11-5　肝有针尖大出血点

图4-11-6　脾肿大有出血点

图4-11-7　心肌苍白、柔软

2.防控措施

（1）预防措施。采取综合预防措施，加强饲养管理，建立严格的消毒制度，坚持自繁自养，不从疫区购进鸭苗。种鸭、雏鸭病毒性肝炎免疫程序见表4-11-1。

表4-11-1　种鸭、雏鸭病毒性肝炎免疫程序（供参考）

日龄	雏鸭		种鸭
	主动免疫	被动免疫	二次免疫
开产前30天			鸭肝炎鸡胚化弱毒或油乳剂灭活苗首免
开产前15天			鸭肝炎鸡胚化弱毒或油乳剂灭活苗二免
1日龄内	皮下注射鸭肝弱毒疫苗	鸭肝高免血清或卵黄抗体 注射1～2毫升/只	（孵出的雏鸭在2～3周内获得保护）
备注	适合无母源抗体	适合流行地区	种鸭产蛋4个月后需再次加强免疫

（2）控制措施。雏鸭一旦发病，应立即注射高免血清或高免卵黄抗体，同时投服广谱抗菌药物，防止细菌继发感染，补充电解多维，能够迅速控制传染发病和降低死亡率。

十二、番鸭细小病毒病

雏番鸭细小病毒病是由雏番鸭细小病毒引起的雏番鸭以喘气、腹泻、脚发软及进行性消瘦为主要症状的一种急性、败血性传染病，其特点是传染性强和死亡率高。该病主要发生于3周龄以内的雏番鸭，因此又称雏番鸭"三周病"；发病率和死亡率可达40%以上，是目前番鸭饲养业中危害最严重的传染病之一，严重影响养鸭业的发展。

1.识别要点

（1）流行特点。雏番鸭是唯一自然感染发病的动物，发病率和死亡率与日龄关系密切，日龄越小发病率和死亡率越高，3周龄以内的雏番鸭发病率为20%～60%，病死率为20%～40%。30日龄以上的番鸭也可发病，但发病率和死亡率较低，病鸭往往成为僵鸭。传播途径主要是通过消化道和呼吸道传播，本病发生无季节性，但以冬春季节发病率较高。

（2）临床症状。自然感染潜伏期为4～16天，最短为2天。

①最急性型。多发生于1周龄以内雏番鸭。常突然发病，无明显临床症状而衰竭死亡。仅少数患鸭精神欠佳，羽毛蓬松，临死时两脚呈游泳状，头颈向一侧扭曲。

②急性型。主要见于1～3周龄雏番鸭，主要表现为精神沉郁，厌食或拒食，羽毛蓬松，两翅下垂，尾端向下弯曲，两脚无力，挤堆、怕冷、懒于走动。有不同程度腹泻，排出灰白或淡黄绿色稀粪，并黏附于肛门周围；喙端发绀（图4-12-1），张口呼吸（图4-12-2）。后期角弓反张，倒地抽搐，两肢麻痹、瘫痪，衰竭死亡。

图4-12-1　病死雏番鸭喙端发绀

图4-12-2　患病雏番鸭张口呼吸

③亚急性型。多见于发病日龄较大的雏番鸭，主要表现为精神委顿，喜蹲伏，两脚无力，行走缓慢，排黄绿色或灰白色稀粪，并黏附于肛门周围。病程长，病死率低，大部分病愈鸭颈部、尾部脱毛，上喙变短（图4-12-3），生长发育受阻，成为僵鸭。

图4-12-3　患病雏番鸭上喙短、下喙长

（3）病理变化。

①最急性型。病变不明显，仅在肠道出现急性卡他性炎症，并伴有肠黏膜出血，其他内脏无明显病变。

②急性型。胰腺充血或局灶性出血（图4-12-4），表面散布针尖大灰白色坏死点。心脏色泽苍白，心肌松弛。肝稍肿大，少数有明显坏死灶，胆囊显著肿大，胆囊充盈。特征性病变在肠道，十二指肠黏膜出血（图4-12-5），卵黄蒂和回盲部的肠道，外观变得极度膨大，体积比正常肠段增大2～3倍，形如香肠状（图4-12-6），膨大部肠管内可见大量炎性渗出物，或内混有脱落的肠黏膜形成栓子（图4-12-7）。

③亚急性型。肠道栓子状物更加明显。

图4-12-4　雏番鸡胰腺出血

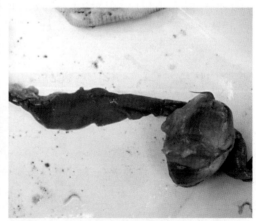

图4-12-5　十二指肠出血

图4-12-6 肠道体积膨大，形如香肠状　　　图4-12-7 回肠内形成栓子

2.防控措施

（1）预防措施。应用疫苗免疫接种种番鸭是预防本病有效而又经济的方法，采取综合预防措施，加强饲养管理，建立严格的消毒制度，特别对种蛋、孵化室和育雏室要严格消毒。种番鸭、雏番鸭细小病毒病免疫程序见表4-12-1。

表4-12-1 种、雏番鸭细小病毒病免疫程序（供参考）

日龄	雏番鸭		种番鸭
	主动免疫	被动免疫	二次免疫
产前15日龄			番鸭胚化种鸭弱毒苗首免
产后4个月			番鸭胚化种鸭弱毒苗二免
2日龄内	番鸭细小病毒和小鹅瘟二联弱毒细胞疫苗	高免血清或高免卵黄抗体注射	
备注	适合无母源抗体	适合流行地区	

（2）控制措施。在本病流行地区，或已被本病病毒污染的孵化室，雏番鸭孵出后立即皮下注射抗番鸭细小病毒病高免血清或高免卵黄抗体，0.5～1毫升/只，可达到预防或控制本病的流行和发生的目的。对已经发病的同群雏番鸭保护率较高，已发病的雏番鸭皮下注射抗高免血清1毫升/只，隔日同剂量再注射1次，治愈率达50%左右。

病死雏鸭应作无害化处理，焚烧或深埋。污染的用具和场地要严格进行消毒，严禁外调和出售发病的雏鸭。

十三、鸭坦布苏病毒病

鸭坦布苏病毒病又称鸭黄病毒病，它是由一种新型黄病毒——鸭坦布苏病毒引起的鹅和鸭病毒性的传染病，2011年中国畜牧兽医学会第一届水禽疫病防控研讨会将其名称统一为"鸭坦布苏病毒病"。该病主要临床症状为：高热，产蛋率严重下降，部分感染鸭排绿色稀便并出现神经症状。病理剖检主要表现为卵巢充血、出血、萎缩、坏死，卵泡破裂；心内膜出血；脾肿大等。

1. 识别要点

（1）流行特点。自然条件下，易感染各种品种鸭、野鸭种鸭、各品种鹅，蛋鸡也会感染但有较强的抵抗力，番鸭未见发病。发病率、致死率：蛋鸭发病率达90%～100%，死亡率仅为1%～5%；肉鸭发病率10%～30%，死亡率为10%～20%。本病流行有三个特点：有明显的季节性，主要在夏秋季节，推测与蚊虫有关；疫区内老群发病率低，新群发病率高；新疫区发病率高，多呈地方流行性，老疫区发病率低，多呈散发性流行。传播途径除通过蚊虫传播外，还可通过消化道和呼吸道水平传播，也能通过种蛋垂直传播。

（2）临床症状。本病潜伏期3～5天，患病产蛋鸭发病后，主要表现采食量下降或停食，体温升高，体重减轻，产蛋量骤然减少，在1周内产蛋率降至5%以下，有沙壳蛋、排灰白色或绿色稀粪绿，病程持续20～30天，随后鸭群逐渐康复，产蛋率回升，但恢复不到病前水平。雏鸭最早可在20日龄左右发病，肉鸭发病后，主要表现为发热、食欲减退、摇头和瘫痪等症状。

（3）病理变化。病死鸭病变主要在卵巢，初期可见部分卵泡充血和出血（图4-13-1、图4-13-2），中后期可见卵泡严重出血、变性和萎缩，严重时破裂，

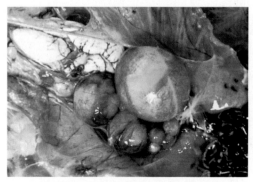

图4-13-1　病死鸭卵泡充血和出血

图4-13-2　卵泡严重出血

引发卵黄性腹膜炎，输卵管黏膜充血、出血（图4-13-3），少部分鸭输卵管内出现胶冻样或干酪样物。心肌色淡，内膜出血。肝轻微肿大，有出血或瘀血，有些鸭表面有针尖状白色点状坏死（图4-13-4）。部分鸭胰腺和脾有坏死病灶（图4-13-5），小肠黏膜出血（图4-13-6）。

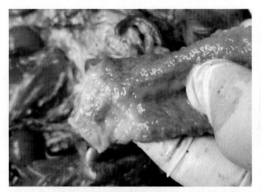

图4-13-3　输卵管黏膜充血、出血

图4-13-4　肝表面有针尖状白色点状坏死

图4-13-5　胰腺有灰白色坏死点

图4-13-6　病死鸭小肠黏膜出血

2.防控措施

（1）预防措施。采取综合预防措施，加强饲养管理，防止蚊虫叮咬，建立严格的消毒制度，应用疫苗免疫接种水禽。种水禽场疫苗免疫程序：产前45天用鸭坦布苏病毒灭活苗进行首免，产前15天再用灭活苗进行二免，免疫期不低于3个月，2年以上种水禽每个开产季前进行强化免疫；每年春季对鸭群抗体进行监测，对抗体阳性率低的鸭群作强化免疫。肉雏禽疫苗首次免疫时间以7～10日龄为宜。鸭坦布苏病毒病弱毒疫苗于2014年11月由中国农业科学院上海兽医研究所研制并获农业部批准，使用弱毒疫苗进行接种，免疫效果会更好。

（2）控制措施。种禽肌内注射上述纯化卵黄抗体2毫升/只，每日1次，连续注射3天。

十四、小鹅瘟

小鹅瘟是由小鹅瘟病毒引起的初生鹅和雏番鸭的一种急性或亚急性传染病。本病具有高度的传染性和死亡率。主要临床特征为严重腹泻，有神经症状；主要病变特征为肠管（特别是小肠中段和后段）黏膜发生坏死肠状的凝固栓子堵塞肠腔。

1. 识别要点

（1）流行特点。本病最易感染雏鹅、雏番鸭和莫斯科鸭，中国鸭、半番鸭及其他动物不感染。本病多发于3～20日龄内的雏鹅，其死亡率与日龄有高度相关性：7日龄以内的雏鹅发病率、死亡率可达100%，10日龄以上的雏鹅病死率一般不超过60%，20日龄以上的发病率低，30日龄以上的较少发病。传染源主要为病雏鹅和带毒的成鹅。传播途径主要经消化道感染雏鹅、雏番鸭等，其次病毒还能经卵垂直传播。

（2）临床症状。根据病程长短，分为最急性、急性和亚急性三种病型。

①最急性型。多见于1周龄内的雏鹅，尤其是3～5日龄的雏鹅，几乎看不到先驱症状而突然死亡，有的倒地双腿乱划（图4-14-1），不久死亡。鼻孔有少量浆液性分泌物，喙端和蹼发绀。

②急性型。常发生于7～15日龄的雏鹅，病程长者为2天，短者仅半天。精神沉郁拒食，饮欲增强；严重腹泻，排出灰白或黄绿色稀粪，并混有气泡或纤维碎片，肛门周围绒毛沾染粪便（图4-14-2）；张口呼吸，鼻孔中流出浆性分泌物，并不时地摇头，喙端和蹼色泽变暗；临死前出现两腿麻痹或抽搐，角弓反张等神经症状。

图4-14-1　最急型患鹅倒地双腿乱划

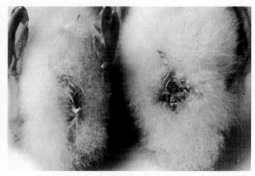

图4-14-2　肛门周围绒毛沾染粪便

③亚急性型。多发生于15日龄以上雏鹅，病程4～7天。患鹅表现不愿行走、委顿、消瘦、腹泻、少食或不食，鼻孔周围有许多浆液性分泌物，有少数鹅只可以自愈，多数成僵鹅。

（3）病理变化。

①最急性型。病变不明显，仅见于小肠前端黏膜肿胀、充血，覆有大量浓厚的淡黄色黏液。

②急性型。肠道发生特征病变，小肠的中、下段，特别是靠近卵黄蒂和回盲部的肠段，外观变得极度膨大，呈淡灰白色，体积比正常肠段增大2～3倍，肠道黏膜充血、出血、坏死，脱落的肠道黏膜与纤维素性渗出物凝固形成栓子或伪膜（图4-14-3、图4-14-4），包裹在肠内容物表面，状如腊肠，质地坚硬，堵塞肠腔（图4-14-5、图4-14-6）。肠壁很薄，内壁平滑，呈淡红色或苍白色，不见出血或溃疡病灶。有些病例则在小肠内形成扁平长带状的纤维素性凝固物，并没有如上所述的典型凝固栓子。

③亚急型。病例更易见到状如腊肠样栓塞物。

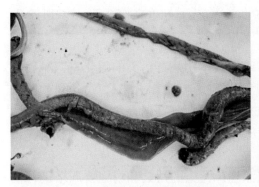

图4-14-3 卵黄蒂附近肠道内形成栓子

图4-14-4 回肠部栓塞物

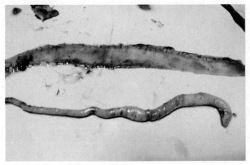

图4-14-5 回肠部栓子

图4-14-6 回肠坏死黏膜与肠内容物形成栓塞

2. 防控措施

（1）预防措施。应用疫苗免疫接种种鹅是预防本病有效而又经济的方法。种鹅免疫、雏鹅参考免疫程序见表4-14-1。

表4-14-1　种、雏鹅免疫程序（供参考）

日龄	雏鹅		种鹅主动免疫		
	主动免疫	被动免疫	一次免疫	一次免疫	二次免疫
产前1个月					鹅胚化种鹅弱毒疫苗首免
产前15日龄			鹅胚化种鹅弱毒疫苗		鹅胚化种鹅弱毒疫苗二免
产前15～30日龄				小鹅瘟油乳灭活苗	
2日龄内	鹅胚化雏鹅弱毒疫苗	高免血清或高免卵黄抗体			
备注	适合无母源抗体	适合流行地区	种鹅产蛋3个月后需再免疫	免疫期5个月	免疫期5个月

（2）控制措施。在本病流行地区，或已被本病病毒污染的孵化室，雏鹅孵出立即皮下注射抗小鹅瘟高免血清或高免卵黄抗体，1毫升/只，可达到预防或控制本病的流行和发生的目的。已经发病的同群雏鹅注射高免血清保护率可达80%～90%，已经发病的雏鹅初期皮下注射抗高免血清2毫升/只，隔日同剂量再注射1次，治愈率达50%左右。

病死雏鹅应作无害化处理，焚烧或深埋。污染的用具和场地要严格进行消毒，严禁外调和出售发病的雏鹅。

十五、鹅副黏病毒病

鹅副黏病毒病是由禽副黏病毒引起的以鹅消化道病变为主要特征的一种急性、病毒性、烈性传染病，发病率和死亡率可高达98%。

1. 识别要点

（1）流行特点。各品种鹅都易感染本病，实验证明，鹅副黏病毒对鸡、鸽、七彩山鸡、鹧鸪、番鸭具有100%的发病率和致死率，对鹌鹑、杂交黄鸡、珍珠鸡有50%的发病率和致死率，对1日龄雏鸭无致病力。鹅的日龄越小，发病率和死亡率越高，发病率和死亡率随日龄的增加而下降，但2周龄以内的雏鹅发病，发病率和死亡率均可达100%。病鹅是主要的传染来源。本病传播途径主要通过消化道和呼吸道感染水平传播，也可以通过种蛋垂直传播。本病发生没有明显的季节性，一年四季都有都可发生。

（2）临床症状。自然感染的潜伏期为雏鹅2～3天，青年鹅或成年鹅3～6天；病程为雏鹅1～2天，青年鹅或成年鹅2～6天。

图4-15-1　患鹅两腿后伸

患鹅发病初期排白色稀粪，中期稀粪带有红色物，后期带有绿色物。患鹅精神委顿，食欲减退，后期表现扭颈、转圈、仰头，两腿麻痹不能站立、抽搐等（图4-15-1）。10日龄左右的患鹅有感冒样症状，流泪、鼻流出清水样鼻液，甩头、咳嗽、呼吸急促等呼吸道症状。

（3）病理变化。患鹅脾肿大、瘀血，表面和切面布满针尖大到绿豆大的灰白色坏死灶；胰腺肿胀，出血，并可见实质中有粟粒大小白色坏死灶；肠道黏膜出血、坏死、溃疡和纤维素性结痂，从十二指肠开始，往后肠段病变更加明显和严重，直肠尤其明显，有散在性溃疡病灶，有的覆盖红褐色纤维性结痂（图4-15-2、图4-15-3、图4-15-4、图4-15-5）。部分病例腺胃及肌胃黏膜充血、出血；肝稍肿大，瘀血，胆囊扩张，充满胆汁；心肌变性，心冠脂肪沟点状出血；肾稍肿大、色淡，输尿管扩张，充满白色尿酸盐；约1/3的病鹅法氏囊出血；有神经症状的病例脑部充血、出血、水肿。

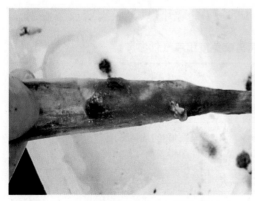

图4-15-2　肠道黏膜溃疡和纤维素性结痂

图4-15-3　肠道黏膜溃疡

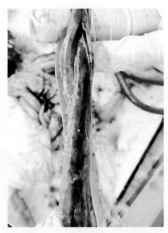

图 4-15-4　肠道黏膜溃疡病灶

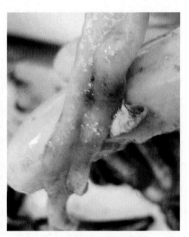

图 4-15-5　肠道有纤维素性结痂

2．防控措施

（1）预防措施。有计划地做好鹅群的疫苗接种和免疫监测工作是预防本病发生和流行的重要措施，参考免疫程序见表4-15-1。

（2）控制措施。

①发现疫情，立即隔离发病鹅群，尽快确诊，及早采取措施，控制疫情蔓延。

②死鹅焚烧并深埋，场舍、环境、用具等加强消毒。

③紧急接种，对假定健康鹅紧急接种上述鹅副黏病毒灭活苗，每只肌内注射0.5毫升，经过6～10天可产生免疫力。

④对患病鹅群和孵化出雏24小时内的雏鹅，应用鹅副黏病毒高免血清或卵黄抗体进行紧急接种，有较好的保护率。0.5～0.8毫升/只，肌肉或皮下注射。

表4-15-1　种、雏鹅副黏病毒病免疫程序（供参考）

日龄	雏鹅			种鹅
	免疫程序1	免疫程序2	免疫程序3	
2～7日龄或10～15日龄	鹅副黏病毒灭活苗免疫		新城疫LaSota株弱毒苗	
15～20日龄		鹅副黏病毒灭活苗免疫		鹅副黏病毒灭活苗免疫

（续）

日龄	雏鹅			种鹅
	免疫程序1	免疫程序2	免疫程序3	
70～75日龄	鹅副黏病毒灭活苗免疫	鹅副黏病毒灭活苗免疫	新城疫Ⅰ系苗	
150～180日龄				鹅副黏病毒灭活苗免疫
产前15天				小鹅瘟-副黏病毒二联灭活苗免疫
开产后2.5个月				小鹅瘟-副黏病毒二联灭活苗免疫
备注	适合无母源抗体	有母源抗体	5～10头份注射或饮水	

第五讲

CHAPTER5

常见细菌病识别与防治

一、沙门氏菌病

1. 识别要点

（1）流行特点。各种年龄的禽均可感染，但幼龄禽较成年禽易感。病禽和带菌禽的排泄物和分泌物污染水源和饲料等，经消化道感染健禽。交配或人工授精也可发生感染。本病一年四季均可发生。一般呈散发或地方流行性。环境污秽、潮湿、拥挤，饲料和饮水供应不良，长途运输、气候恶劣、疲劳、饥饿等都可促进本病的发生。

（2）临床症状。

①鸡白痢。鸡白痢是由鸡白痢沙门氏菌引起的传染病，以2～3周龄内雏鸡的发病率与病死率为最高，成年鸡感染后多呈慢性或隐性经过。

雏鸡多在孵出后几天表现为精神委顿，腹泻，排薄白色如糨糊状粪便（白痢），稀粪干结后封住肛门（图5-1-1、图5-1-2），故排粪时常发出尖叫声。有的呼吸困难或关节肿胀，跛行症状。病程4～7天。耐过鸡生长发育不良，成为慢性患者或带菌者。成年鸡常无临诊症状。极少数病鸡腹泻，产卵停止。有的因卵黄囊炎引起腹膜炎。

图5-1-1　鸡白痢雏鸡排白色糊状粪便

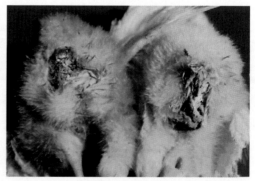

图5-1-2　鸡白痢雏鸡排白色稀粪，肛门周围沾染粪便，糊肛

②禽伤寒。由禽伤寒沙门氏菌引起鸡、火鸡和鸭的一种急性或慢性败血性传染病。主要发生于成年鸡（尤其是产蛋母鸡）和3周龄以上鸡，也可感染火鸡、鸭等禽类。临诊以黄绿色稀粪及肝肿大，呈青铜色为特征。

潜伏期4～5天。青年或成年鸡和火鸡突然停食，精神委顿，冠和肉髯苍白，体温升高1～3摄氏度，排黄绿色稀粪（图5-1-3）。病程5～10天，死亡率较低，康复禽往往成为带菌者。

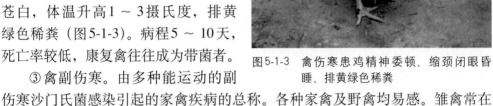

图5-1-3　禽伤寒患鸡精神委顿、缩颈闭眼昏睡、排黄绿色稀粪

③禽副伤寒。由多种能运动的副伤寒沙门氏菌感染引起的家禽疾病的总称。各种家禽及野禽均易感。雏禽常在孵出后2周内发病，病死率10%～20%不等，重者达80%以上。

胚胎感染者出壳后几天发生死亡。雏鸡或雏火鸡感染后表现精神不佳，饮水增加，怕冷，排水样稀粪，肛门周围黏附粪便，少数病鸡还出现眼结膜炎。成年鸡或火鸡在临床上多呈慢性经过，少数呈急性经过，表现为慢性腹泻，产蛋下降，消瘦等。雏鸭感染常见颤抖、喘息及眼睑浮肿等症状，常猝然倒地而死，故有"猝倒病"之称。

（3）病理变化。

①鸡白痢。急性死亡的雏鸡无明显肉眼可见的病变。病程稍长的死亡雏鸡可见心肌、肺、肝、肌胃等脏器出现黄白色坏死灶或大小不等的灰白色结节（图5-1-4）；肝肿大，有条纹状出血，胆囊充盈；心脏常因结节病变而变形。成年鸡呈慢性经过者表现为卵巢炎。

②禽伤寒。成年鸡，最急性病例病变轻微或不明显；急性病例常见肝、脾、肾充血肿大；亚急性和慢性病例，特征病变是肝肿大呈青铜色，肝和心肌有灰白色粟粒大坏死灶，肺和肌胃可见灰白色小坏死灶，卵巢及腹腔病变与鸡白痢相同。

③禽副伤寒。急性病例常无可见病变。病程稍长的，肝、脾充血，有条纹状或针尖状出血和坏死灶，肺及

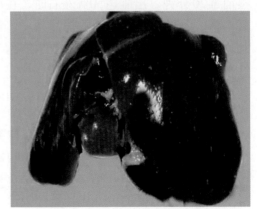

图5-1-4　鸡白痢肝有白色坏死

肾出血，心包炎，常有出血性肠炎。

2．防治措施

（1）预防措施。

①死病禽应严格执行无害化处理，以防止病菌散播。

②利用凝集试验做好种鸡群净化，建立严格的种蛋、孵化室消毒制度；做好鸡舍环境和用具清洁消毒，加强雏鸡饲养管理。注意药物预防，育雏时可在饮水中添加0.01%～0.03%高锰酸钾等药进行预防；或依据竞争排斥原理预防雏鸡白痢，常用的有促菌生、调痢生、乳酸菌等（在使用这类制剂的同时以及前后4～5天禁用抗菌药物）。

③加强饲养管理，消除发病诱因，保持饲料和饮水的清洁、卫生。使用疫苗进行免疫接种。

（2）治疗措施。

①磺胺类、喹诺酮类等药物对本病有疗效，应在药敏试验的基础上选择药物，并注意交替用药。发病时可在饲料中加入0.03%复方磺胺-5-甲氧嘧啶，连用3～5天；或在饮水中加入庆大霉素4万国际单位/升，0.008%氨苄青霉素，0.005%环丙沙星或恩诺沙星连用3～5天。腹泻不止者，可内服次硝酸铋5～10克或活性炭10～20克，以保护肠黏膜，减少毒素吸收，同时进行静脉内补液、强心（静脉注射5%葡萄糖盐水，10%安钠咖）等对症治疗。

②对于鸡白痢，通过血清学试验，检出并淘汰带菌种鸡，第1次检查于60～70日龄进行，第2次检查可在16周龄时进行，后每隔1个月检查1次、发现阳性鸡及时淘汰，直至全群的阳性率不超过0.5%为止。及时拣、选种蛋，并分别于拣蛋、入孵化器后、18～19日胚龄落盘时3次用28毫升/米^{3}福尔马林熏蒸消毒20分钟。出雏达50%左右时，在出雏器内用10毫升/米^{3}福尔马林再次熏蒸消毒。孵化室建立严格的消毒制度。育雏舍、育成舍和蛋鸡舍做好地面、用具、饲槽、笼具、饮水器等的清洁消毒，定期对鸡群进行带鸡消毒。

二、大肠杆菌病

1．识别要点

（1）流行特点。各种品种、日龄禽类均可感染发病，以鸡、火鸡、鸭最为常见，雏鸡发病率和死亡率均较高。病禽和带菌禽是主要的传染源，病原通过污染的蛋壳、病鸡的分泌物、排泄物及被污染的饲料、饮水、食具、垫料以及粉尘传播。最主要的传染途径是呼吸道，但也可通过消化道、蛋壳穿透、交配感染等。本病一年四季均可发生，但以冬春寒冷和气温多变季节多发，同时饲养管理、营养、应激等因素与本病的发生密切相关。

（2）临床症状。为多种家禽共患的传染病，病型有败血症、气囊炎、腹膜炎、输卵管炎、肉芽肿、肿头综合征（图5-2-1）、滑膜炎、全眼球炎及脐炎等系列疾病。潜伏期为数小时至3天，急性病禽表现为呆立一旁，缩颈嗜眠（图5-2-2），口、眼、鼻孔处常附着黏性分泌物，排黄白色或黄绿色稀粪，呼吸困难，食欲下降或废绝，病死率5%～10%。慢性表现为长时间的腹泻，病程达十余天。

图5-2-1　大肠杆菌病鸡肿头综合征：眶周围肿胀，眼角可见黄色干酪样渗出物　　图5-2-2　大肠杆菌病鸡精神沉郁，被毛松软，缩颈

（3）病理变化。

①急性败血型。3～7周龄多发。病变为肠浆膜、心外膜、心内膜有明显小出血点；肠壁黏膜有大量黏液，脾肿大数倍，心包腔有多量浆液。

②气囊炎型。常见病型，幼禽多发。气囊增厚，表面有纤维素性渗出物被覆，呈灰白色，由此继发心包炎和肝周炎，心包膜和肝被膜上附有纤维素性伪膜；心包膜增厚，心包液增量、混浊；肝肿大，被膜增厚，被膜下有大小不等的出血点和坏死灶（图5-2-3）。

③卵泡炎、输卵管炎和腹膜炎型。产蛋期鸡感染时，卵泡坏死、破裂，输卵管增厚，有畸形卵阻滞，卵破裂溢于腹腔内；有多量干酪样物，腹腔液增多、混浊，腹膜有灰白色渗出物（图5-2-4）。

④肉芽肿型。生前无特征性症状，主要以肝、十二指肠、盲肠系膜上出现典型的针头至核桃大小的肉芽肿为特征，其组织学变化与结核病的肉芽肿相似。

⑤滑膜炎型。多见于肩、膝关节，关节明显肿大，滑膜囊内有不等量的灰白色或淡红色渗出物，关节周围组织充血水肿。

⑥全眼球炎型。眼结膜充血、出血，眼房液混浊。

图5-2-3 大肠杆菌病雏鸡气囊、心包膜及肝被膜上覆盖有灰白色纤维蛋白渗出物

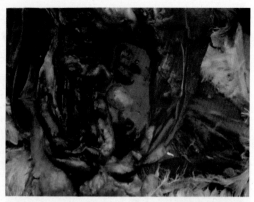

图5-2-4 大肠杆菌病产蛋鸡急性腹膜炎，腹腔内有多量的卵黄液

⑦脐炎型。幼雏脐部受感染时，脐带口发炎，多见于蛋内或刚孵化后感染。

2.防治措施

（1）预防措施。

①管理预防。首先加强饲养管理，降低饲养密度，注意控制温湿度和通风，减少空气中细菌污染，禽舍和用具经常清洗消毒，种禽场应加强种蛋收集、存放和整个孵化过程的卫生消毒管理，减少各种应激因素，避免诱发大肠杆菌病的发生与流行。

②免疫预防。国内已研制成大肠杆菌灭活疫苗，有鸡大肠杆菌多价氢氧化铝苗和多价油佐剂苗，均有一定的防治效果。一般免疫程序为7～15日龄、25～35日龄、120～140日龄各1次。大肠杆菌血清型众多，制苗最好用针对性强的菌株或自场分离株。

③药物预防。一般可在雏禽出壳后开食时，在饮水中投0.03%庆大霉素等饲喂3～5天，预防效果好。另外，还可使用中草药进行预防，常用的有大蒜、穿心莲、黄连、鱼腥草等。

（2）治疗措施。病禽可选用敏感药治疗，常用药物有恩诺沙星、庆大霉素、磺胺类、氟苯尼考等，轻病禽给药按使用剂量拌水饲喂，重病禽肌内注射用药，连续给药3～5天，高敏药可取得良好治疗效果。另外，大蒜、穿心莲、黄连、鱼腥草等中草药也具有一定的治疗作用。

三、禽霍乱

1.识别要点

（1）流行特点。各种年龄的禽都可感染，以幼龄禽较为多见。患病禽只和带菌禽只由其排泄物、分泌物不断排出有毒力的病菌，污染饲料、饮水、用具和外界环境，经消化道、呼吸道、损伤皮肤、吸血昆虫叮咬传染。在饲养管理不良、长途运输、气候多变等外因诱导而使机体抵抗力降低时，病菌即可乘机侵入体内进行大量繁殖，诱发内源性传染。发病无明显的季节性，尤以冷热交替、气候剧变、闷热、潮湿、多雨的时期发生较多。鸡多为散发，鸭多为暴发。

（2）临床症状。自然感染的潜伏期一般2～9天。

①最急性型。常见于流行初期，病鸡突然发生不安，倒地挣扎，拍翅抽搐死亡；或前一天晚上入圈时，精神食欲尚好，次日死于禽舍里。病程短者数分钟至数小时。

②急性型。最为常见。病鸡体温升高至43～44摄氏度；常有腹泻，粪便呈灰黄色、绿色（图5-3-1），有时混有血液；食欲不佳，饮欲增加；呼吸困难，口、鼻分泌物增加；鸡冠和肉髯变为青紫色（图5-3-2），有的病鸡肉髯肿胀，有热痛感；最后衰竭死亡，病程0.5～3天，病死率很高。

③慢性型。鸡鼻孔流出黏液，经常腹泻，逐渐消瘦，冠、肉髯苍白，关节肿大，跛行。

病鸭多为急性型，不愿下水，闭目缩颈，两翅和尾羽下垂，羽毛蓬乱，口、鼻有黏液流出以致呼吸困难，病鸭常常摇头，企图甩出黏液，故俗称"摇头瘟"。病鸭剧烈腹泻，排铜绿色或灰白色稀粪，严重者粪中混有血液。有的病鸭双脚瘫痪，不能行走，经1～2天死亡。病程稍长者发生关节炎，多见于跗、腕及肩关节。成年鹅症状与鸭相似，仔鹅发病以急性为主，常于发病后1～2天死亡。

（3）病理变化。鸭、鹅的病变与鸡基本相似。

①最急性型。无特殊病变，有时可见心外膜有少许出血点，肝可能有灰白色

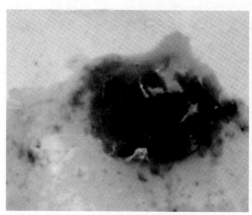

图5-3-1　禽霍乱病鸡排绿色粪便

图5-3-2　禽霍乱病鸡鸡冠发绀

坏死灶。

②急性型。心外膜、心冠脂肪及腹部脂肪常见有大量点状出血；皮下、呼吸道、胃肠黏膜、腹腔浆膜有大量出血点；肺有充血和出血点；肝的病变具有特征性，肝稍肿，质地脆，呈棕色或黄棕色，肝表面散布有许多灰白色针尖大

的坏死点（图5-3-3）；肌胃出血显著；肠道尤其是十二指肠呈卡他性或出血性炎症；脾无明显变化或稍肿大。

③慢性型。有的见到鼻腔和鼻窦内有多量黏性分泌物；有的可见关节肿大变形；有的公鸡的肉髯肿大，母鸡卵巢明显出血；有时在卵巢周围有干酪样物质，附着在内脏器官的表面。

图5-3-3　禽霍乱病鸡肝针尖样大小坏死点

2. 防治措施

（1）预防措施。加强饲养管理，严格执行禽场兽医卫生防疫措施，以栋舍为单位采取全进全出饲养制度，对预防本病的发生是完全有可能的。一般从未发生本病的禽场不进行疫苗接种。对常发地区或禽场，最好用疫苗免疫，目前常用的禽霍乱氢氧化铝甲醛灭活苗，用于2月龄以上禽免疫，免疫期3个月。此外还有禽霍乱蜂胶灭活菌苗、禽霍乱G190E40弱毒活疫苗等可供选择使用。有条件的地方可在本场分离细菌，经鉴定合格后，制作自家灭活苗，定期对禽群进行注射，经实践证明通过1～2年的免疫，本病可得到有效控制。

（2）治疗措施。禽群发病应立即采取治疗措施，有条件的地方应通过药敏试验选择有效药物全群给药。可选用磺胺类药物、氟苯尼考、庆大霉素、土霉素、环丙沙星、复方敌菌净等药中的一种按量混料或拌水饲喂，均有较好的疗效。重病禽可选用肌内注射给药，1天2次。当鸡只死亡数量明显减少后，再继续投药2～3天以巩固疗效防止复发。

四、传染性鼻炎

1. 识别要点

（1）流行特点。本病可发生于各种年龄的鸡，随着年龄的增加易感性增高，育成鸡和产蛋鸡易感，尤以产蛋鸡最易感。商品肉鸡发生本病也比较多见。

病鸡及带菌鸡是传染源，而慢性病鸡及隐性带菌鸡是鸡群中发生本病的重要原因。其传播途径可通过飞沫及尘埃经呼吸道传染，但多数通过污染的饲料

和饮水经消化道感染。不能垂直传播。麻雀也能成为传播媒介。雏鸡、珍珠鸡、鹌鹑偶然也能发病。

本病的发生与诱因有关，如鸡群拥挤、不同年龄的鸡混群饲养、通风不良、鸡舍内氨气浓度过高、鸡舍寒冷潮湿、维生素 A 缺乏、受寄生虫侵袭等都能促使鸡群发病。鸡群接种禽痘疫苗引起的全身反应，也常常是传染性鼻炎的诱因。本病多发生于冬、秋两季。

（2）临床症状。潜伏期短，用培养物或鼻腔分泌物人工鼻内或窦内接种易感鸡，24～48 小时发病。自然接触感染，常在 1～3 天出现症状。本病具有来势猛、传播快的特点，一旦发病，短时间内便可波及全群。

图 5-4-1　传染性鼻炎病鸡流出白色脓性鼻涕

最明显的症状是鼻腔和窦内炎症，表现鼻流浆液性或黏液性分泌物（图5-4-1），有时打喷嚏；眼睑和眼周围水肿，眼结膜潮红、肿胀；采食和饮水减少，或腹泻，体重减轻，仔鸡生长不良；成年母鸡在发病后 1 周左右产蛋减少；公鸡肉髯常见肿胀。如炎症蔓延至下呼吸道，则呼吸困难，有啰音。如转为慢性和并发其他疾病，则鸡群中发出一种污浊的恶臭。病鸡常摇头，欲将呼吸道内的黏液排出，最后常窒息死亡。一般情况下单纯的传染性鼻炎很少造成鸡只死亡。

病程一般为 4～8 天，在夏季常较缓和，病程亦较短。若饲养管理不善，缺乏营养及感染其他疾病时，则病程延长，病情加重，病死率也增高。

（3）病理变化。主要病变为鼻腔和窦黏膜呈急性卡他性炎症，黏膜充血、肿胀，表面覆有大量黏液，窦内有纤维素性渗出物，后期变为干酪样物（图5-4-2）。常见卡他性结膜炎，结膜充血、肿胀、面部及肉髯皮下水肿。

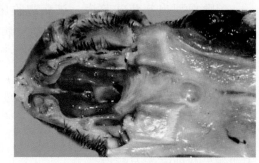

图 5-4-2　传染性鼻炎病鸡鼻窦内有大量脓性分泌物

2．防治措施

（1）预防措施。

①管理措施。康复带菌鸡是主要的传染源，应该与健康鸡隔离饲养或淘汰；不同日龄的鸡只不能混养；不

能从疾病情况不明的鸡场购进种公鸡或生长鸡；种鸡替换群只用1日龄雏鸡，除非已知来源于无本病鸡群；要从鸡场消灭本病，需扑杀感染鸡或康复鸡；鸡舍和设备经清洗消毒后要闲置2～3周方可进鸡；加强鸡舍通风，避免过密饲养，带鸡消毒等措施可减轻发病。

②免疫接种。免疫接种用多价油剂灭活菌苗，对3～5周龄和开产前的鸡只分两次接种，可有效地预防本病。发病群也可做紧急接种，并配合药物治疗，同时对饮水和鸡舍带鸡消毒，可以较快地控制本病。

(2) 治疗措施。本菌对多种抗生素及化学药物敏感，可选用高敏药物，常用氟苯尼考、强力霉素、环丙沙星等。在使用药物进行治疗时，要考虑到鸡群的采食情况，当采食量变化不明显时，可选用口服易吸收的药物；当采食量明显减少，口服给药不能达到有效血药浓度时，应采用注射给药途径。

五、葡萄球菌病

1. 识别要点

(1) 流行特点。鸡、火鸡、鸭和鹅等各种龄期的禽类对葡萄球菌均易感，但以雏禽更为敏感，而鸡以30～70日龄多发。葡萄球菌是体表的常在菌，一般情况下不会侵入体内，但当皮肤和黏膜完整性受到破坏，如带翅号、断喙、注射疫苗、网刺、刮伤和扭伤、断趾、啄伤等都可成为本病发生的因素。刚出壳的雏鸡由于脐环开张，为病原菌提供了入侵门户，从而引发脐炎或其他类型的感染。当鸡受到应激或造成机体抵抗力下降的一切因素，如长途运输、室温或气候突然变冷、饲养方式的改变、饲料的改变、通风不良、舍内积尘、高温高湿、禽群体质衰弱，以及其他疫病的继发，如大肠杆菌病、新城疫、马立克氏病等均可发生本病。

(2) 临床症状。由于病原菌侵害部位不同，临床表现有多种病型。

①败血型鸡葡萄球菌病。该病鸡临床表现不明显，多见于发病初期。可见病鸡精神不好，缩颈低头，不愿运动。病后1～2天死亡。

②葡萄球菌性皮炎。该病死亡率较高，病程多在2～5天。病鸡精神沉郁，羽毛松乱，少食或不食，部分病鸡腹泻，胸腹部、翅、大腿内侧等处羽毛脱落，皮肤外观呈紫色或紫红色，有的破溃，皮下湿润充血。

③葡萄球菌性关节炎。雏禽、成禽均可发生，肉仔鸡更为常见。多发生于跗关节，常为一侧关节肿大（图5-5-1），有热痛感。因运动、采食困难，导致衰竭或继发其他疾病而死亡。

④葡萄球菌性脐炎。新生雏鸡的脐环发炎肿大，腹部膨胀（大肚脐），与大肠

杆菌所致脐炎相似，可在1～2天死亡。

⑤鸡胚葡萄球菌病。一般在孵化后期17～20日龄死亡，已出壳的雏鸡多数出现腹部膨大、脐部肿胀、脚软乏力等症状，个别病雏胚、跗关节肿大，在出壳后24～48小时死亡。

上述常见病型可单独发生，也可几种病型同时发生。临床上还可见其他类型的疾病，如浮肿性皮炎、胸囊肿、脚垫肿、脊椎炎和化脓性骨髓炎等也时有发生。

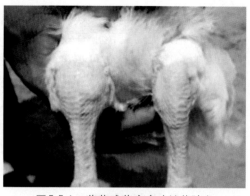

图5-5-1　葡萄球菌病病鸡关节肿大

（3）病理变化。

①败血型萄球菌病表现为肝、脾肿大，出血；心包积液，呈淡黄色，心内、外膜，冠状脂肪有出血点或出血斑；肠道黏膜充血、出血；肺充血；肾瘀血肿胀。

②葡萄球菌性皮炎表现为病死鸡局部皮肤增厚、水肿，切开皮肤见有数量不等的胶冻样黄色或粉红色液体，胸肌及大腿肌肉有出血斑点或带状出血，或皮下干燥，肌肉呈紫红色。

③关节炎型可见关节肿胀处皮下水肿，关节液增多，关节腔内有淡黄色干酪样渗出物。

④鸡胚葡萄球菌病表现为死胚表面黏附灰褐色的黏液，胚液呈灰褐色，胚头顶部及枕部皮下显著水肿和点状出血，水肿液呈冻胶样，浅灰色；死胚腹部膨大，脐部肿胀，黑褐色，部分脐环闭合不全；软脑膜、心外膜可见点状出血，肺瘀血及点状出血，肝上黄色，卵黄囊容积大，血管呈树枝状充血和点状出血，卵黄暗褐色。

2. 防治措施

（1）预防措施。

①防止发生外伤。鸡舍内网架安装要合理，网孔不要太大，捆扎塑料网的铁丝头要处理好，不能裸露。在断喙、带翅号、剪趾和免疫刺种时要小心并注意消毒。

②加强饲养管理。定期用适当的消毒剂进行带鸡消毒，可减少鸡舍环境中的细菌数量，降低感染机会。加强饲养管理和药物预防，饲喂全价饲料，特别注意供给充足的维生素和矿物质；鸡舍要通风良好，避免拥挤；断喙前后要使用药物进行预防。

③预防接种。常发地区可用疫苗接种来控制本病，国内研制的鸡葡萄球菌多价氢氧化铝灭活疫苗可有效地预防本病。

（2）治疗措施。一旦鸡群发病，要立即全群给药治疗。金黄色葡萄球菌易产生耐药性，应通过药敏试验选择敏感药物进行治疗。一般可选用以下药物进行：庆大霉素，每千克体重3 000国际单位，肌内注射，每天2次，连用3天；卡那霉素，每千克体重10 ～ 15毫克，肌内注射，每天2次，连用3天；环丙沙星，每千克饲料100毫克，混饲，或每1 000毫升水加入50毫克，混饮，连用3 ～ 5天。

六、传染性浆膜炎

1. 识别要点

（1）流行特点。1 ～ 8周龄的鸭均易自然感染，但以2 ～ 4周龄的小鸭最易感。1周龄以下或8周龄以上的鸭极少发病。除鸭外，雏鹅亦可感染发病。本病的感染率有时可达90%以上，死亡率5% ～ 75%。

本病主要经呼吸道或通过皮肤伤口（特别是脚部皮肤）感染而发病。恶劣的饲养环境，如育雏密度过大、空气不流通、潮湿、过冷过热、饲料中缺乏维生素或微量元素、蛋白水平过低等均易诱发本病。

（2）临床症状。

①急性病例多见于2 ～ 4周龄小鸭，临诊表现为倦怠，缩颈，不食或少食，眼、鼻有分泌物，腹泻，排淡绿色稀粪。不愿走动或行动跟不上群，运动失调，濒死前出现神经症状，头颈震颤，角弓反张，不久抽搐而死（图5-6-1）。病程一般为1 ～ 3天，幸存者生长缓慢。

②亚急性或慢性病例，多发生于4 ～ 7周龄较大的鸭，病程可在1周以上。主要表现为精神沉郁，不食或少食，腿软，卧地不起，羽毛粗乱，进行性消瘦，或呼吸困难。少数病例出现脑膜炎的症状，表现斜颈、转圈或

图5-6-1　传染性浆膜炎病鸭运动失调，缩脖、扭颈

倒退，但仍能采食并存活。

（3）病理变化。最明显的眼观病变是浆膜表面的纤维素性渗出物，主要在心包膜、肝表面以及气囊（图5-6-2）。渗出物中除纤维素外，还有少量炎性细胞，主要是单核细胞和异嗜性粒细胞。渗出物可部分地机化或干酪样化，即构

成纤维性心包炎、肝周炎或气囊炎。中枢神经系统感染可出现纤维素性脑膜炎。少数病例见有输卵管炎，即输卵管膨大，内有干酪样物蓄积。

慢性局灶性感染常见于皮肤，偶尔也出现在关节。皮肤病变多发生在背下部或肛门周围，表现为坏死性皮炎，皮肤或脂肪呈黄色，切面呈海绵状，似蜂窝织炎变化。跗关节肿胀，触之有波动感，关节液增多，呈乳白色黏稠状。

图5-6-2　传染性浆膜炎病鸭心、肝表面覆盖一层白色炎性渗出物

2. 防控措施

（1）预防措施。避免鸭只饲养密度过大，注意通风和防寒，使用柔软干燥的垫料，并勤换垫料。实行全进全出的饲养管理制度，出栏后应彻底消毒，并空舍2～4周。

我国已研制出油佐剂和氢氧化铝灭活菌苗，在7～10日龄注射1次即可。由于本菌血清型较多，且易发生变异，所以制苗时最好针对流行菌株的血清型制成自家菌苗。

（2）控制措施。药物防治是控制发病与死亡的一项重要措施，常以氟苯尼考作为首选药物，也可使用喹诺酮类、氨苄青霉素、丁胺卡那霉素等。本菌极易产生耐药性，应通过药敏试验选择敏感药物进行治疗。

常见其他微生物性传染病识别与防治

一、鸡毒支原体感染

1. 识别要点

（1）流行特点。各种年龄的鸡都可感染，尤以4～8周龄雏鸡最易感，成年鸡多为隐性感染。病鸡和隐性感染鸡是传染源。本病的传播有垂直和水平传播两种方式。病原体可通过病鸡咳嗽、喷嚏的飞沫和尘埃经呼吸道传染。上呼吸道和眼结膜是鸡毒支原体入侵的主要门户。被鸡毒支原体污染的饮水、饲料、用具能使本病由一个鸡群传至另一个鸡群。垂直传播可构成代代相传，使本病在鸡群中连续不断发生。在感染的公鸡精液中，也发现有病原体存在，因此交配时也能发生传染。

单独感染鸡毒支原体的鸡群，在正常饲养管理条件下常不表现症状，呈隐性经过，在有诱因存在时可转为显性传染。其诱发因素主要有：呼吸道感染其他病原微生物，常见的有传染性支气管炎病毒、传染性喉气管炎病毒、新城疫病毒、传染性法氏囊病病毒、副禽嗜血杆菌和大肠杆菌等；用气雾和点眼、滴鼻法进行新城疫等弱毒疫苗免疫；饲养密度大，卫生条件差，气候变化，鸡舍通风不良，饲料中维生素缺乏等。用带有鸡毒支原体的鸡胚生产的弱毒苗，易通过疫苗接种而散播本病，这一点在生产实践中尤应注意。

本病一年四季均可发生，以寒冷季节多发。

（2）临床症状。自然感染难以确定潜伏期。幼龄鸡发病时，症状较典型，最常见的症状是呼吸道症状，表现咳嗽、喷嚏、气管啰音和鼻炎。病初流浆液或黏液性鼻液，使鼻孔堵塞，妨碍呼吸，频频摇头。当炎症蔓延至下部呼吸道时，则气喘和咳嗽更为显著，并有呼吸道啰音。到了后期，如果鼻腔和眶下窦中蓄积渗出物，则引起眼睑肿胀并向外突出。病鸡食欲不振，生长停滞（图6-1-1）。如无并发症，病死率也低。本病一般呈慢性经过，病程可长达1个月以上。产蛋鸡感染后，只表现产蛋量下降，孵化率降低，孵出的雏鸡生长发育受阻。本病常易继发或并发大肠杆菌等感染而造成较大的经济损失。

（3）病理变化。单纯感染鸡毒支原体的病例，眼观变化主要表现为鼻腔、气管、支气管和气囊内含有黏稠渗出物。气囊的变化具有特征性，气囊壁变厚和混浊，严重者气囊壁有干酪样渗出物，早期如珠状，严重时成堆成块（图6-1-2）。自然感染的病例多为混合感染，如有大肠杆菌混合感染时，可见纤维素性肝周炎和心包炎。

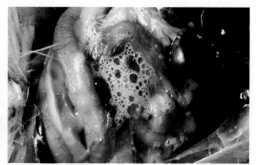

图6-1-1　感染鸡毒支原体的病鸡生长发育不良，羽毛蓬乱，鸡爪干燥

图6-1-2　感染鸡毒支原体的鸡气囊有黄白色气泡

2.防控措施

（1）预防措施。

①加强饲养管理。本病的发生具有明显的诱因，因此加强饲养管理和防止各种应激是预防本病的关键。生产实际中应注意保持良好的通风，饲养密度适宜；饲喂全价饲料，防止维生素缺乏；疫苗接种、更换饲料、转群等前后 2 ~ 3 天应使用敏感药物进行预防。

②对种蛋的处理。种鸡感染鸡毒支原体后可通过种蛋传给下一代，所以对种蛋进行处理以杀灭或减少蛋内的支原体，是有效预防本病的方法之一。处理种蛋的方法有两种：一是变温药物浸泡法，种蛋经一般性清洗，在浸蛋前 3 ~ 6 小时使蛋温升至 37 ~ 38 摄氏度，然后浸入5摄氏度左右的泰乐菌素溶液中（每 1 000 毫升水加入400 ~ 1 000 毫克），保持15分钟，利用温差造成的负压，使药物进入蛋内；二是加热法，将种蛋放入46.1摄氏度的孵化箱中处理12 ~ 14 小时，晾 1 小时，当温度降至37.8摄氏度时转入正常孵化。这种方法可杀死90%以上的蛋内支原体。

③药物预防。对1周龄内的雏鸡，使用敏感药物连续应用5 ~ 7天，可减少雏鸡带菌率；在本病易发年龄使用药物进行预防；使用新城疫等弱毒疫苗点眼、滴鼻、饮水或气雾免疫时，在疫苗中加入链霉素等药物防止激发本病；对开产

种鸡每月进行1～2次投药，可减少种蛋带菌。常用药物有泰乐菌素、链霉素、北里霉素、红霉素及喹诺酮类药物等。

④疫苗接种。控制鸡毒支原体感染的疫苗有灭活疫苗和活疫苗两大类。灭活疫苗为油乳剂，可用于幼龄鸡和产蛋鸡。

（2）控制措施。

①药物治疗。当鸡群发病时，可选用敏感的药物治疗，用量可适当增加，但一般不要超过2倍。用抗生素治疗时，停药后往往复发，因此应考虑几种药物轮换使用。

②建立无鸡毒支原体感染的种鸡群。必须采取综合措施。在引种时，必须从无本病的鸡场购买。从鸡毒支原体感染阳性场建立无鸡毒支原体鸡群比较困难，但通过灭活疫苗免疫，收集种蛋前让种鸡连续服用高效抗鸡毒支原体药物，结合种蛋的药物浸泡或加热法处理，可大大减少鸡毒支原体经蛋传递的概率。

二、禽曲霉菌病

1. 识别要点

（1）流行特点。曲霉菌的孢子广泛分布于自然界，在禽舍的地面、垫草及空气中经常可分离出其孢子。禽类常因通过接触发霉饲料和垫料而经呼吸道或消化道感染。各种禽类都有易感性，以4～12日龄雏禽的易感性最高，常为急性经过，发病率和死亡率高，成年禽有抵抗力，多为慢性和散发。

曲霉菌孢子易穿过蛋壳进入蛋内，引起胚胎死亡或雏鸡感染。孵化室污染严重时，新生雏禽也可经呼吸道感染而发病。阴暗潮湿的鸡舍和不洁的育雏器及其他用具、梅雨季节、空气污浊等均能使曲霉菌增殖，易引起本病发生。

（2）临床症状。自然感染的潜伏期2～7天，人工感染24小时。急性者可见病禽精神不振，不愿走动，多卧伏，拒食，对外界反应淡漠。病程稍长，可见呼吸困难，伸颈张口（图6-2-1），将病鸡放于耳旁，可听到沙哑的水疱破裂声，但不发出明显的"咯咯"声。由于缺氧，鸡冠和肉髯颜色暗红或发绀。食欲显著减少或不食，饮欲增加，常腹泻。离群独处，闭目昏睡，精神委顿，羽毛松乱。有的表现神经症状，如摇头、头颈不随意屈曲、共济失调

图6-2-1 禽曲霉菌病病鸡张口呼吸

和两腿麻痹。病原侵害眼时，结膜充血、肿胀、眼睑闭合，下眼睑有干酪样物，严重者失明。急性病程2～7天，慢性可延至数周。

（3）病理变化。病变主要表现在肺和气囊。典型病例可在肺表面看见散在粟粒大至黄豆大的黄白色或灰白色结节（图6-2-2），结节柔软有弹性，切开可见有层次的结构，中心为干酪样坏死组织，内含大量菌丝体，外层为类似肉芽组织的炎性反应层，并含有巨细胞。气囊壁通常增厚，附有黄白色干酪样结节，该结节由炎性渗出物和菌丝体组成，病程较长时，干酪

图6-2-2　禽曲霉菌病病鸡肺内灰白色的霉菌结节

样结节更大，数量更多，气囊壁变厚并融合形成更大的病灶。随着病程的延长，曲霉菌在干酪样结节及增厚的囊壁上形成分生孢子，此时可见气囊壁上形成圆形隆起的灰绿色霉菌斑，呈绒球状。

2．防控措施

（1）预防措施。不使用发霉的垫料和饲料是预防禽曲霉菌病的主要措施。垫料要经常翻晒，妥善保存，尤其是阴雨季节。种蛋、孵化器及孵化厅均按卫生要求进行严格消毒。育雏室应注意通风换气和卫生消毒，保持室内干燥、清洁。长期被烟曲霉污染的育雏室、土壤、尘埃中含有大量孢子，雏禽进入之前，应彻底清扫干净、换土，并用甲醛熏蒸消毒或0.4%过氧乙酸喷雾后密闭数小时，通风后使用。发现疫情时，迅速查明原因并立即排除，同时进行环境、用具等的消毒工作。

（2）控制措施。本病目前尚无特效的治疗方法。用制霉菌素防控本病有一定效果，剂量为每100只雏鸡1次用50万国际单位，每日2次，连用2～4天。也可用1∶3 000的硫酸铜溶液或0.5%～1%碘化钾饮水，连用3～5天。

三、念珠菌病

1．识别要点

（1）流行特点。念珠菌病又称霉菌性口炎、白色念珠菌病，俗称鹅口疮。本病鸡、火鸡、鸽、鸭、鹅易发，以幼龄禽多发。鸽以青年鸽易发且病情严重。该病多发生在夏秋炎热多雨季节。病禽和带菌禽是主要传染来源。病原通过分泌物、排泄物污染饲料，禽饮水经消化道感染。雏鸽感染主要是通过带菌亲鸽

的"鸽乳"而传染。火鸡和鸽的发病率、死亡率均很高。

念珠菌病的发生与禽舍环境卫生状况差，饲料单一和营养不足有关。鸽群发病往往与鸽毛滴虫并发感染。

图6-3-1　念珠菌病病鸡精神不振，消瘦，有酸臭气体自口中排出

（2）临床症状。

①病鸡精神不振，食量减少或停食，消瘦，羽毛粗乱，出现消化障碍。嗉囊胀满，但明显松软，挤压时有痛感，并有酸臭气体自口中排出，见图6-3-1。有时病鸡腹泻，粪便呈灰白色。一般1周左右死亡。

②幼鸭的白色念珠菌病的主要症状是呼吸困难，喘气，叫声嘶哑，发病率和死亡率都很高。一般根据流行病学特点，典型的临诊症状和特征性的病理变化可以作出诊断。确切诊断必须采取病变器官的渗出物作抹片检查，观察酵母状的菌体和菌丝，或是进行霉菌的分离培养和鉴定。

③雏火鸡多发，表现精神委顿，食欲减退。口腔内有黏液并附着饲料，擦去饲料在黏膜上见有一层白色的膜。病雏常伸颈甩头，张嘴呼吸。少部分雏有程度不同的腹泻。火鸡一旦发病，死亡逐日增多，发病率、死亡率高。

④大小鸽均可感染，但尤以青年鸽最严重。成年鸽一般无明显症状。雏鸽感染率亦较高，但症状不严重。口腔与咽部黏膜充血、潮红、分泌物稍多且黏稠。青年鸽发病初期可见口腔、咽部有白色斑点，继而逐渐扩大，演变成黄白色干酪样伪膜。口气微臭或带酒糟味。个别鸽引起软嗉症，嗉囊胀满，软而无收缩力。食欲废绝，排墨绿色稀粪，多在病后2～3天或1周左右死亡。一般可康复，但在较长时间内成为无症状带菌者。

（3）病理变化。病理变化主要集中在上消化道，可见喙缘结痂，口腔、咽和食道有干酪样伪膜和溃疡。最常见的剖检病变是嗉囊黏膜增厚，黏膜上带有白色圆形隆起的溃疡灶，溃疡表面有剥离的倾向（图6-3-2）。黏膜

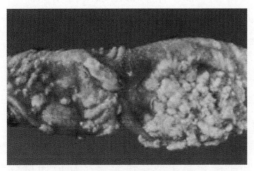

图6-3-2　念珠菌病病鸡嗉囊黏膜增厚，黏膜上带有白色圆形隆起的溃疡灶

上常有伪膜斑和易于除去的坏死物，口和食道可能出现溃疡斑。

2.防治措施

（1）预防措施。应从改善饲养管理和禽舍的卫生条件做起，禽群应保持适当密度，不宜拥挤，种蛋在入孵前应严格消毒。以防种蛋带菌传染幼雏。平时不喂霉变饲料，对感染的禽舍和用具用0.4%的过氧乙酸进行带鸡喷雾消毒，每天1次，连用5～7天。

（2）治疗措施。本病常用1∶2 000硫酸铜溶液或在饮水中添加0.07%的硫酸铜连服1周，制霉菌素按每千克饲料加入50～100毫克（预防量减半）连用1～3周，或每只每次20毫克，每天2次连喂7天。投服制霉菌素时，还需适量补给B族维生素，对大群防治有一定效果。局部治疗可将病禽口腔黏膜的伪膜或坏死干酪样物刮除后，溃疡部位用碘甘油或5%的结晶紫涂擦。

四、鸡传染性滑膜炎

1.识别要点

（1）流行特点。本病呈世界性分布，常发生于各种年龄的商品蛋鸡群和火鸡群，我国部分鸡场的阳性率可达20%以上。本病主要感染鸡和火鸡，鸭、鹅及鸽也可自然感染。急性感染主要见于4～16周龄的鸡和10～24周龄的火鸡，偶见于成年鸡；而慢性感染可见于任何年龄。本病的传播途径主要是经卵垂直传播，其次是呼吸道，另外也可直接接触传播。

（2）临床症状。本病的潜伏期为5～10天。病原体主要侵害鸡的跗关节和爪垫（图6-4-1），严重时也可蔓延到其他关节滑膜，引起渗出性滑膜炎、滑膜囊炎及腱鞘炎。病鸡表现行走困难，跛行，关节肿大变形，胸前出现水疱，鸡冠苍白，食欲减少，生长迟缓，常排出含有大量尿酸或尿酸盐的青绿色粪便，偶见鸡有轻度的呼吸困难和气管啰音。上述急性症状之后继以缓慢的恢复，但关节炎、滑膜炎可能会终生存在。成禽产蛋量可下降20%～30%，本病发病率为5%～15%，死亡率为1%～10%。

火鸡症状与鸡相似，跛行是最明显的一个症状，患禽的一个或多个关节常见有热而波动的肿胀。本病的发病率及死亡率均较低，但踩踏和相互

图6-4-1　鸡传染性滑膜炎病鸡趾关节肿胀

啄咬可能引起较大的死亡率。

(3) 病理变化。剖检可见病鸡的关节和足垫肿胀，在关节的滑膜、滑膜囊和腱鞘有多量炎性渗出物，早期为黏稠的乳酪状液体，随着病情的发展变成干酪样渗出物（图6-4-2）。关节表面，尤其是跗关节和肩关节常有溃疡，呈橘黄色。肝脾肿大，肾肿大呈苍白的斑驳状。呼吸道一般无变化，偶见有气囊炎病变。

图6-4-2 鸡传染性滑膜炎病鸡关节腔内有多量炎性渗出物

2. 防控措施

(1) 预防措施。加强鸡舍的环境卫生，及时清理粪便，鸡舍及场地彻底消毒，注意鸡舍的通风换气，改善饲养条件，降低鸡群饲养密度，定期更换垫料，并保持垫料清洁干燥。在引进雏鸡时一定要谨慎，从无本病感染的种鸡场购买雏鸡时，应防止其将病原引进鸡群。本病的预防所用疫苗有进口的禽滑液囊支原体菌苗，1～10周龄用于颈部皮下注射，10周龄以上用于肌内注射，每只每次0.5毫升，连用2次，间隔4周。

(2) 控制措施。将发病鸡只和未发病鸡只迅速隔离，对发病鸡立即给予治疗，对未发病鸡只采取药物预防。鸡传染性滑膜炎病原体对强力霉素、双氢链霉素、氟苯尼考等药物具有一定程度的敏感性，可采用这些药物按使用说明饮水或拌料使用，疗程宜长，一般为5～7天。对于发病率较低的鸡群也可采用注射给药的方法。将所有垫料立即更换，并进行1次严格消毒。以后每3天更换1次垫料，每周至少进行1次彻底消毒。

五、衣原体病

1. 识别要点

(1) 流行特点。衣原体的宿主范围十分广泛，火鸡、鸭和鸽易感染发病。一般来说，幼龄家禽比成年家禽易感，易出现临床症状，死亡率也高。

健康鸡可经消化道、呼吸道、眼结膜、伤口和交配等途径感染衣原体，吸入有感染性的尘埃是衣原体感染的主要途径。患病或感染禽可通过血液、鼻腔分泌物、粪便排出病原体，污染水源和饲料等成为感染源。吸血昆虫（如蝇、蜱、虱等）可促进衣原体在禽只之间的迅速传播。

本病不具明显的季节性。禽类感染后多呈隐性。潜伏期短的只有10天，长的可达9个月以上。

（2）临床症状。

①我国鸡群中普遍存在衣原体感染，血清阳性率较高，多呈隐性经过，偶有肉仔鸡、育雏期蛋鸡和产蛋鸡发病较严重。肉仔鸡和育雏期蛋鸡感染强毒株可表现为肺炎型、水肿型和无卵巢、无输卵管型。产蛋期首次感染衣原体其症状同育成鸡，二次感染的鸡群主要表现蛙鸣音、排亮绿色粪便、产蛋率下降，严重的鸡群下降到40%左右；白壳蛋、软壳蛋、沙壳蛋多，小蛋（无黄蛋）、畸形蛋少。

②幼鸭表现颤抖、共济失调，排绿色水样粪便，眼和鼻孔周围有浆液性或脓性分泌物。发病率10%～80%，死亡率可达30%，其差异主要取决于感染时的年龄和是否混合感染沙门氏菌。成年鸭多为隐性感染。

③2～3周龄的幼鸽多呈急性经过，病鸽精神委顿、厌食、腹泻（图6-5-1），有时表现鼻炎和结膜炎（图6-5-2），呼吸困难发出"咯咯"声，后期病鸽消瘦、衰弱，易发生死亡。康复鸽成为无症状的带菌者。鸽的感染率为30%～90%。

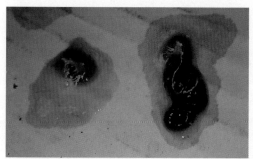
图6-5-1　衣原体病引起的鸽腹泻

图6-5-2　衣原体病引起的鸽眼结膜炎，羞明

（3）病理变化。

①肉鸡病变主要集中在肺、细支气管、气囊。一般可见脾肿大，表面可见灰黄色坏死灶或出血点；肝肿大而脆，色变淡，有小坏死灶；气囊膜增厚混浊，有时被黄色纤维素性、脓性渗出物覆盖，严重者形成黄色干酪样物。肺瘀血，心包囊有明显浆液性或浆液纤维素性炎症反应；肠道充血，可见泄殖腔内容物内含有较多尿酸盐；产蛋鸡病变主要集中在卵巢和输卵管，早期子宫腔出现轻度水肿，卵巢有发育正常的6～7个接近成熟的卵黄，中期液体增多，后期渗出液体增多，蛋黄漂浮如同水煮样。

②鸭的病变表现为全身性浆膜炎，胸肌萎缩；肝肿大，肝周炎；脾肿大，有时肝、脾有灰色或黄色坏死灶。

③鸽的病变表现为气囊、腹腔浆膜、心外膜增厚，表面有纤维蛋白渗出；肝、脾常见肿大，变软变暗。

2.防治措施

（1）预防措施。为有效预防衣原体病，应采取综合措施，杜绝引入传染源，控制感染动物，阻断传播途径。强化检疫，防止新传染源引入。保持禽舍的卫生，发现病禽要及时隔离和治疗。一旦怀疑，应该快速采取方法予以确诊，必要时对全部病禽扑杀以消灭传染源。带菌禽类排出的粪便中含有大量衣原体，故禽舍要勤于清扫，清扫时要注重个人防护。

衣原体病是一种重要的职业疾病，如养殖场工人、畜禽加工厂工人、兽医、宠物医院的员工、饲养宠物鸟的人以及很多相关研究人员感染的风险比较大，因此，在处理病死畜禽及其病料或污染物，或者与有害病原接触时务必注意做好个人防护工作。不管什么衣原体种，工作人员都应该采取适当的预防措施，如加工处理禽类时穿防护服、戴手套等。

（2）治疗措施。衣原体对青霉素和四环素类抗生素都较敏感，其中以四环素类的治疗效果最好。大群治疗时可在每千克饲料中添加四环素（金霉素或土霉素）0.4克，充分混匀，连续喂给1～3周，可以减轻临床症状和消除病禽体内的病原。必须注意的是为减少对金霉素吸收的干扰作用，宜将饲料中的钙含量降至0.7%以下。

常见寄生虫病识别与防治

一、禽球虫病

1. 鸡球虫病

（1）识别要点。

①流行特点。各个品种的鸡均有易感性，15～50日龄的鸡发病率和致死率都较高，成年鸡对球虫有一定的抵抗力。病鸡是主要传染源，凡被带虫鸡污染过的饲料、饮水、土壤和用具等，都有卵囊存在。鸡感染球虫的途径主要是食入感染性卵囊。人及其衣服、用具等以及某些昆虫都可成为机械传播者。

饲养管理条件不良，鸡舍潮湿、拥挤，卫生条件恶劣时，最易发病。在潮湿多雨、气温较高的梅雨季节易暴发球虫病。

②临床症状。急性型多见于雏鸡。病初精神沉郁，羽毛松乱，头蜷缩，不喜活动（图7-1-1），食欲减退，泄殖腔周围羽毛为稀粪所粘连。发病后期，病鸡运动失调，翅膀轻瘫，食欲废绝，冠、髯及可视黏膜苍白，排棕红色血便（图7-1-2、图7-1-3、图7-1-4）。雏鸡死亡率在50%以上，甚至全群死亡。

慢性型多见于日龄较大的幼鸡（2～4月龄）或成年鸡，临床症状不明显，只表现为轻微腹泻，粪中常有较多未消化的饲料颗粒（图7-1-5）。病程数周或数月，病鸡逐渐消瘦，足和翅常发生轻瘫，间歇性腹泻，偶有血便，但死亡较少。

③病理变化。病鸡消瘦，鸡冠与可视黏膜苍白，内脏变化主要发生在肠管，

图7-1-1 病鸡精神沉郁，羽毛松乱，头蜷缩

图7-1-2 病鸡鸡冠及可视黏膜苍白

图7-1-3　病鸡排出血便

图7-1-4　病鸡运动失调，翅膀轻瘫，食欲废绝，排棕红色血便

图7-1-5　病鸡轻微腹泻，粪中常有较多未消化的饲料颗粒

病变部位和病变程度与球虫虫种有关。

柔嫩艾美耳球虫毒力最强，主要侵害盲肠，两侧盲肠显著肿大，可为正常的3～5倍，肠腔中充满凝固的或新鲜的暗红色血液（图7-1-6、图7-1-7），盲肠上皮变厚，有严重的糜烂。

毒害艾美耳球虫损害小肠中段，使肠壁扩张、增厚，有严重的坏死。在裂殖体繁殖的部位，有明显的淡白色斑点，黏膜上有许多小出血点。肠管中有凝固的血液或有胡萝卜色胶冻状的内容物。

巨型艾美耳球虫损害小肠中段，可使肠管扩张，肠壁增厚；内容物黏稠，呈淡灰色、淡褐色或淡红色。

堆型艾美耳球虫多在上皮表层发育，并且同一发育阶段的虫体常聚集在一

图7-1-6　盲肠明显肿大

图7-1-7　肠腔中充满血凝块

起，在被损害的肠段出现大量淡白色斑点。

哈氏艾美耳球虫损害小肠前段，肠壁上出现大头针针头大小的出血点，黏膜有严重的出血。

若多种球虫混合感染，则肠管粗大，肠黏膜上有大量的出血点，肠管中有大量的带有脱落的肠上皮细胞的紫黑色血液。

（2）防治措施。

①预防措施。加强饲养管理：成鸡与雏鸡分开饲养，以免带虫的成年鸡散播病原导致雏鸡暴发球虫病；保持鸡舍干燥、通风和鸡场卫生，定期清除粪便并堆放发酵以杀灭卵囊；保持饲料、饮水清洁，笼具、料槽、水槽定期消毒，一般每周1次，可用沸水、热蒸汽或3%～5%热碱水等处理。每千克日粮中添加0.25～0.5毫克硒可增强鸡对球虫的抵抗力。

免疫预防：使用弱毒活虫苗进行预防接种，1～10日龄雏鸡1次口服免疫，可产生产生较好的预防效果。

②治疗措施。主要通过抗球虫药进行药物治疗，如及早用药，可降低死亡率。常用治疗药物有如下几种：

妥曲珠利：治疗用药，每升水加入25～30毫克饮水，连用2～3天。

硝苯酰胺：混饲给药，预防按每千克饲料中加入125毫克，治疗按每千克饲料中加入250～300毫克，连用3～5天。

除出口商品肉鸡禁用外，应用磺胺药进行本病防治，效果很好，常用的有：

磺胺二甲基嘧啶：预防按每千克饲料中加入2 500毫克混饲或每升水中加入500～1 000毫克饮水，治疗以每千克饲料中加入4 000～5 000毫克混饲或每升水中加入1 000～2 000毫克饮水，连用3天，停药2天后，再用3天。16周龄以上鸡限用。

磺胺氯吡嗪：每千克饲料中加入600～1 000毫克混饲或每升水中加入300～400毫克饮水，连用3天。

2.鸭球虫病

（1）识别要点。

①流行特点。各种日龄的鸭均可感染发病，北方地区多发于3～5周龄中鸭，发病率为30%～90%，致死率可达20%～70%，夏秋季节多发。

②临床症状。急性鸭球虫病多发生于2～3周龄的雏鸭，于感染后第4天出现精神委顿，缩颈，不食，喜卧，渴欲增加等症状；病初腹泻，随后排暗红色或深紫色血便，发病当天或第2、3天发生急性死亡，耐过的病鸭逐渐恢复食欲，死亡停止，但生长受阻，增重缓慢。慢性型一般不显症状，偶见有腹泻，常成

为球虫携带者和传染源。

③病理变化。病变多见于肠管，因虫种不同而异。毁灭泰泽球虫危害严重，整个小肠呈广泛性出血性肠炎，尤以卵黄蒂前后的病变严重，肠壁肿胀、出血、黏膜上有出血斑或密布针尖大小的出血点，有的见有红白相间的小点，有的黏膜上覆盖一层糠麸状或奶酪状黏液，或有淡红色或深红色胶冻状出血性黏液，但不形成肠芯（图7-1-8、图7-1-9）。菲莱氏温扬球虫致病性不强，肉眼病变不明显，仅可见回肠后部和直肠轻度充血，偶尔在回肠后部黏膜上见有散在的出血点，直肠黏膜弥漫性充血。

图7-1-9 小肠黏膜弥漫性出血，黏膜上覆有胶冻状黏液

图7-1-8 肠黏膜出血，肠管内含大量血凝块

（2）防控措施。

①预防措施。鸭舍应保持清洁干燥，定期清除粪便，防止饲料和饮水被鸭粪污染。鸭舍、饲槽和饮水用具等经常消毒。定期更换垫料，换垫新土。

②控制措施。在球虫病流行季节，地面饲养达到12日龄的雏鸭，可将下列药物的任何一种混于饲料中喂服，均有良效。

磺胺间六甲氧嘧啶：按0.1%混于饲料中，或复方磺胺间六甲氧嘧啶按0.02%～0.04%混于饲料中，连喂5天，停3天，再喂5天。但本药列入日本动物性食品重点监控药物清单，需慎用。

磺胺甲基异噁唑：按0.1%混于饲料，或复方磺胺甲基异噁唑按0.02%～0.04%混于饲料中，连喂7天，停3天，再喂3天。

氯羟吡啶：按有效成分0.05%浓度混于饲料中，连喂6～10天。但本药列入欧盟禁用和日本动物性食品重点监控药物清单，需慎用。

3.鹅球虫病

（1）识别要点。

①流行特点。根据球虫寄生部位不同，分为鹅肾球虫病和鹅肠球虫病。肾球虫病主要发生于3～12周龄的幼鹅，发病较为严重，常呈急性经过，病程

2～3天，死亡率可高达87%。肠球虫病主要发生于2～11周龄的幼鹅，以3周龄以内的雏鹅多见；常引起急性暴发，呈地方性流行；发病率90%～100%，死亡率为10%～96%；日龄小的发病严重、死亡率高，日龄较大的以及成年鹅的感染，常呈慢性或良性经过，成为带虫者和传染源。

本病的发生具有一定的季节性，鹅肠球虫病大多发生在5～8月的温暖潮湿的多雨季节。

②临床症状。肾球虫病患鹅，表现为精神不振、极度衰弱、消瘦、反应迟钝，眼球下陷、翅膀下垂、食欲不振或废绝、腹泻，粪便稀白，常衰竭而死。肠球虫病患鹅精神委顿、缩头垂翅、食欲减少或废绝、喜卧、不愿活动、常落群、渴欲增强、饮水后频频甩头，腹泻，排棕色、红色或暗红色带有黏液的稀粪，有的患鹅粪便全为血凝块，肛门周围的羽毛沾染红色或棕色排泄物，常在发病后1～2天内死亡。

③病理变化。肾球虫病可见肾肿大，呈淡灰黑色或红色，肾组织上有出血斑和针尖大小的灰白色病灶或条纹，内含尿酸盐沉积物和大量卵囊。肠球虫病可见小肠肿胀，呈出血性卡他性炎，尤以小肠中段和下段最为严重，肠内充满稀薄的红褐色液体，肠壁上可能出现大的白色结节或纤维素性类白喉坏死性肠炎。

（2）防控措施。药物防控可用磺胺间六甲氧嘧啶或磺胺喹噁啉（这两种药均为日本动物性食品重点监控药物）等磺胺类药物，用量及其他防控措施可参照鸭球虫病。

二、禽组织滴虫病

1. 识别要点

（1）流行特点。多种禽类均可感染组织滴虫，火鸡、鹧鸪等可严重感染并发生死亡，鸡、珍珠鸡等也可被感染。3～12周龄火鸡最易感，感染后第17天左右达到死亡高峰，第4周末死亡率下降，火鸡死亡率高于鸡。我国鸡组织滴虫病较为多见，呈零星散发，以4～6周龄鸡最易感，成年鸡感染后症状不明显。组织滴虫可通过异刺线虫传播，在温暖潮湿的春夏季节发病较多。

（2）临床症状。组织滴虫病的潜伏期为7～12天，最常发生在第11天。病鸡表现精神不振，食欲减少以至废绝，羽毛蓬松，翅膀下垂，闭眼，畏寒。腹泻，排淡黄色或淡绿色粪便，严重者粪中带血，甚至排出大量血液。病的末期，有的病鸡因血液循环障碍，鸡冠发绀，因而有"黑头病"之称（图7-2-1）。病程通常为1～3周。病愈康复鸡带虫可长达数周或数月。成年鸡很少出现症状。

（3）病理变化。病变主要发生在盲肠和肝，引起盲肠炎和肝炎，故本病又称为"盲肠肝炎"（图7-2-2）。一般仅一侧盲肠发生病变，有时为两侧。在感染后的第8天，盲肠先出现病变，盲肠壁增厚和充血。从黏膜渗出的浆液性和出血性渗出物充满盲肠腔，使肠壁扩张；渗出物常发生干酪化，形成干酪样的盲肠肠芯（图7-2-3）。随后盲肠壁溃疡，有时发生穿孔，从而引起腹膜炎。肝病变常出现在感染后第10天，肝肿大，呈紫褐色，表面出现黄色或黄绿色圆形或椭圆形病灶，中央凹陷边缘隆起（图7-2-4），直径从豆粒大至指头大不等。有的肝坏死区融合成片，形成大面积的病变区。鸡的肝病变较为稀疏甚至不可见，盲肠病变也没有火鸡那样广泛。

图7-2-1　黑头病

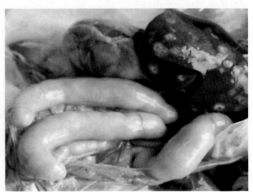

图7-2-2　盲肠肝炎

图7-2-3　盲肠内渗出物形成干酪样肠芯

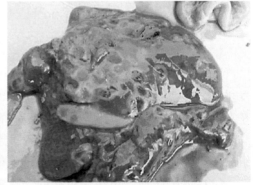

图7-2-4　肝表面有黄色或黄绿色圆形病灶，中央凹陷，边缘隆起

2. 防控措施

（1）预防措施。

①加强饲养管理。鸡与火鸡不能混群饲养，雏鸡和成年鸡也应分开饲养，

保持鸡舍的清洁干燥，并定期消毒，杀灭异刺线虫虫卵。

②定期驱虫。对成年鸡进行定期驱虫。

（2）控制措施。可进行药物防控，常用的药物有二甲硝咪唑，按0.075%混料给药，连喂5～7天。

三、禽绦虫病

1.识别要点

（1）流行特点。各种年龄的鸡均能感染，其他如火鸡、雉鸡、珍珠鸡、孔雀等也可感染，17～40日龄的雏鸡易感性最强，死亡率也最高。感染多发于4～9月。

（2）临床症状。病禽精神沉郁，羽毛松乱，早期食欲增加，当出现自体中毒时，食欲减退，但饮欲增加，贫血，排白色或微黄色带有黏液和泡沫的稀粪（图7-3-1），粪便中混有白色绦虫节片，有时混有血样黏液（图7-3-2）。轻度感染造成雏禽发育受阻，成禽产蛋量下降或停止。寄生绦虫量多，严重感染时，禽冠和黏膜苍白，极度衰弱，虫体堵塞肠管，造成肠管破裂，引起腹膜炎。绦虫代谢产物可引起禽体中毒，两足常发生瘫痪，不能站立（图7-3-3），逐渐波及全身，最后因衰竭而死亡。有时部分病例经过一段时间后，禽体中毒症状解除不治自愈，但影响将来的生产性能。

（3）病理变化。剖检可以从小肠内发现虫体，肠黏膜增厚，有出血斑点或溃疡灶（图7-3-4），肠管浆膜面和黏膜面均可见灰黄色结节，中央凹陷，其内可找到虫体或黄褐色干酪样栓塞物。部分病例肝肿大易碎，呈土黄色，部分病例腹腔充满腹水。

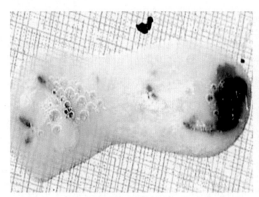

图7-3-1　排淡黄色带有黏液和泡沫的稀粪

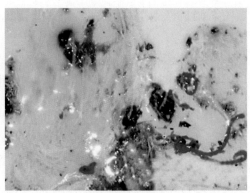

图7-3-2　排白色带有黏液的稀粪，混有白色绦虫节片，黏液有时混有血液

图7-3-3 病禽精神沉郁，羽毛松乱，两足瘫痪，不能站立

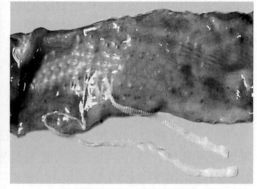

图7-3-4 小肠内发现虫体，肠黏膜增厚，有出血斑点或溃疡灶

2.防控措施

（1）预防措施。

①控制中间宿主。由于绦虫在其生活史中必须要有特定种类的中间宿主参与，因此预防和控制绦虫病的关键是消灭中间宿主。建议采用笼养，并及时清除粪便，做好防蝇灭虫工作。

②加强饲养管理。应将幼禽与成禽分开饲养，有条件的话，采取全进全出的饲养制度。

③定期进行药物驱虫，建议在60日龄和120日龄各预防性驱虫1次。

（2）控制措施。发生禽绦虫病时，必须立即对全群进行驱虫。常用的驱虫药有以下几种：

氯硝柳胺：鸡每千克体重50～60毫克，鸭每千克体重100～150毫克，1次投服。

吡喹酮：鸡、鸭均按每千克体重10～15毫克，1次投服，可驱除各种绦虫。

丙硫苯咪唑：鸡、鸭均按每千克体重10～20毫克，1次投服。

四、禽线虫病

1.鸡蛔虫病

（1）识别要点。

①流行特点。本病主要侵害3～10月龄的鸡，3～4月龄鸡最易感且病情最重，1年以上鸡感染不出现症状而成为带虫者。虫卵在外界环境中抵抗力较强，

在土壤中一般可存活6个月，耐低温，对普通消毒药有抵抗力。但不耐高温、干燥和阳光直射。温暖潮湿的季节多发。

②临床症状。病鸡表现为食欲减退，生长迟缓，呆立少动，消瘦虚弱，黏膜苍白、羽毛松乱，两翅下垂，胸骨突出（图7-4-1），腹泻和便秘交替，有时粪便中有带血的黏液，以后逐渐消瘦而死亡。大量感染者可造成肠堵塞而死亡。成年鸡一般为轻度感染，严重感染的表现为腹泻、日渐消瘦、产蛋下降、蛋壳变薄。

图7-4-1 病鸡呆立少动，羽毛松乱，两翅下垂，胸骨突出

③病理变化。小肠黏膜发炎、出血，肠壁上有颗粒状化脓灶或结节（图7-4-2）。严重感染时可见大量虫体聚集，相互缠结，引起肠阻塞（图7-4-3），甚至造成肠破裂和腹膜炎。

图7-4-2 小肠内大量虫体聚集缠结，肠壁有多处结节

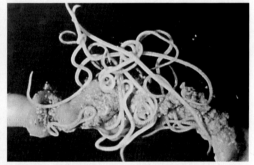

图7-4-3 小肠大量虫体聚集，相互缠结，引起肠阻塞

（2）防治措施。

①预防措施。搞好环境卫生，及时清除粪便，堆积发酵，杀灭虫卵；增加蛋白质、维生素饲料；做好鸡群的定期预防性驱虫，每年2～3次；发现病鸡，及时隔离。

②治疗措施。进行药物治疗，可选用如下药物：

丙硫咪唑：每千克体重10～20毫克，1次内服。

左旋咪唑：每千克体重20～30毫克，1次内服。

2.鸡异刺线虫病

（1）识别要点。

①流行特点。异刺线虫虫卵在潮湿的土壤中可生存9个月以上。蚯蚓可充当保虫宿主，蚯蚓吞食感染性异刺线虫卵后，二期幼虫在蚯蚓体内可保持生活力1年以上。鼠妇类昆虫吞食异刺线虫卵后，能起机械传播作用。鸡终年均可感染，但感染高峰期在7～8月。

②临床症状。病鸡消化机能减退而食欲不振，腹泻，贫血，雏鸡发育受阻，消瘦，逐渐衰竭而死亡。成年鸡产蛋下降。

③病理变化。尸体消瘦，盲肠肿大坚实，肠壁增厚，肠腔内可见数量不等的虫体（图7-4-4），有时多达数百条，堵塞肠道，尤以盲肠末端虫体最多。盲肠黏膜可见数量不等大小不一的结节（又称疣状盲肠炎）（图7-4-5），结节内有幼虫，有时黏膜表面出现数个大小不等的溃疡灶。

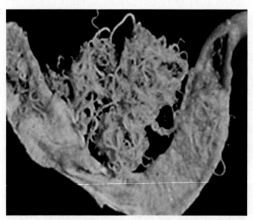

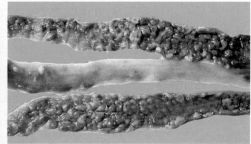

图7-4-5　盲肠黏膜可见数量不等大小不一的结节

图7-4-4　盲肠肠腔内可见多条虫体

（2）防治措施。同鸡蛔虫病，注意杀灭舍内及运动场中的蚯蚓和鼠妇类昆虫。

五、禽外寄生虫病

1.鸡皮刺螨病

（1）识别要点。

①流行特点。呈世界性分布，多在温暖地区存在。白天躲在鸡舍砖缝或栖架的孔隙里，夜间出来叮咬鸡群。鸡只由于害怕叮咬，夜间不愿回窝，白天也不回窝产蛋，形成所谓"栖架病"。主要通过其自身移动、野鸟传播（多宿主虫种）、老鼠、人类机械传播等途径传播。

②临床症状。患病鸡群精神萎靡、焦躁不安，易惊群，尾部、翅根部、腹

部等部位的羽毛因大量鸡刺皮螨寄生而呈黑色（图7-5-1），鸡舍缝隙及鸡粪等处也大量藏匿虫体（图7-5-2）。随病情发展，病鸡逐渐消瘦，鸡冠苍白易倒，贫血，产蛋量减少。严重者可导致雏鸡生长发育不良，甚至因失血过多而死亡。

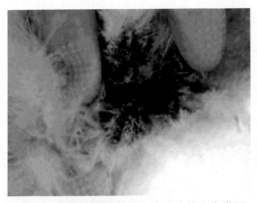

图7-5-1　病鸡皮刺螨寄生部位因虫体和虫粪而呈黑色

图7-5-2　鸡粪上布满虫体

③病理变化。病鸡皮肤出现红肿、损伤和炎症，肛门和腹部皮肤易出现小红疹（图7-5-3）。

（2）防控措施。

①预防措施，定期检查鸡的体表，并在鸡舍的通风口安装隔离网，目的是防止野鸟进入鸡舍传播鸡刺皮螨病。此外，还要做好鸡舍内的卫生清洁工作，及时处理鸡群的粪便、垫草和废弃物。

②控制措施。在夜间用灭虫菊酯

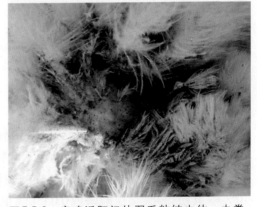

图7-5-3　病鸡近肛门处羽毛粘结虫体、虫粪，皮肤出现小红疹

喷洒或涂刷鸡舍、鸡笼、栖架、产卵箱等处。也可将2.5%溴氰菊酯经1∶2 000稀释后均匀喷于鸡体表，每周1次，连用2次。对于病情较重的病鸡，可将药涂抹于鸡皮刺螨寄生较多的部位，但要避免在涂抹过程中刮损鸡的皮肤，引起鸡体中毒。

2.禽羽虱病

（1）识别要点。

①流行特点。羽虱在鸡、鸭、鹅、鸽中均可见。雏禽、成禽均可感染，雏

禽感染症状较为严重。一年四季均可发病，但以秋冬季节多发，夏季较少。主要通过健康禽与患禽直接接触传染，其次通过用具、垫料等传播。禽舍卫生条件差时，禽羽虱病多发。

②临床症状。患禽瘙痒不安，常啄食羽虱寄生处，羽毛受损脱落（图7-5-4），食欲下降，日渐消瘦，产蛋量下降甚至停止产蛋，体重减轻，严重者甚至造成雏禽死亡。

③病理变化。皮肤出现小结节、小出血点及小坏死灶。禽羽虱过多严重感染时，可引起化脓性皮炎，出现结痂、脱毛（图7-5-5）。

图7-5-4　患禽羽毛受损、脱落，体表有羽虱寄生，多藏匿于羽毛中　　图7-5-5　患禽皮肤出现小结节、小出血点及小坏死灶，羽毛受损、脱落

（2）防控措施。

①预防措施。严格执行卫生防疫制度，保持禽舍的清洁卫生。要经常打扫禽舍，保持舍内清洁、干燥、通风，勤换垫料，对禽舍、用具要定期用药灭虱。

②控制措施。对于饲养期较长的禽群，可在场内设置沙浴箱，浴沙中拌入10%硫黄粉、4%马拉硫磷或0.05%除虫菊酯等杀虫药，供禽自行沙浴；也可用0.05%二氯苯醚菊酯，对病禽全身喷雾，或用0.01%溴氰菊酯或0.03%杀灭菊酯喷洒鸡舍和鸡羽，7～10天后重复用药1次。

常见普通病识别与防治

一、磺胺类药物中毒

磺胺类药物常用于鸡球虫病、禽霍乱、鸡白痢等病的防治，如复方敌菌净（为磺胺-5-甲氧嘧啶与二甲氨苄氨嘧啶配制的复合剂）、磺胺脒等。磺胺类药物的治疗量接近中毒量，且鸡较敏感，故使用剂量过大或连续用药时间过长很容易引起中毒。

1. 识别要点

（1）病因。小鸡、产蛋鸡、体弱鸡对磺胺类药物更敏感，结合病史情况，如果有磺胺药物的超量使用或超长时间连续使用，则可确诊。

（2）临床症状。该药的急性中毒可在短时间内引起死亡，表现为兴奋不安，体温升高，呼吸加快，拒食，腹泻，共济失调，痉挛、麻痹等；慢性中毒表现为精神萎靡，羽毛松乱，食欲不振或废绝，渴欲增加，贫血，鸡冠和肉髯苍白（图8-1-1），结膜苍白或黄染。便秘或腹泻，粪便呈白、灰白色或酱油色。幼龄鸡生长受阻，成鸡产蛋下降，软、薄壳蛋增加，蛋壳粗糙。种蛋受精率和孵化率下降。

（3）病理变化。剖检可见皮肤、皮下、肌肉和内脏器官出血（图8-1-2），骨髓色泽变浅或黄染。胆囊、胃、肠管等处黏膜出血。肝肿大，呈土黄色，并有出血点和坏死灶。肾肿大，可达3～4倍，呈土黄色，有出血斑，输尿管变粗并

图8-1-1　磺胺类药物中毒鸡冠苍白　　　图8-1-2　磺胺类药物中毒鸡腿部肌肉有条状出血斑

充满白色尿酸盐，有时可见关节囊腔中有少量尿酸盐沉积。脾肿大，有出血性梗死或灰白色坏死灶。

2.防治措施

(1) 预防措施。首先要严格掌握用药剂量和连续用药时间。由于本药中毒剂量与治疗剂量很接近，所以一定要严格按照药品使用说明书用药。

(2) 治疗措施。本病无特效解毒药，一旦中毒应立即停药，饮水中加入 1%～2%碳酸氢钠和3%～5%葡萄糖让鸡自由饮用，还可将复合维生素B用量增加1倍，达到每千克饲料3.6毫克。出血严重的按每千克饲料添加维生素C 0.2克、维生素K₃5毫克，连用5～7天。对严重中毒，呼吸困难的病鸡，可肌内注射维生素B₁₂，每只1～2微克；或肌内注射叶酸，每只50～100微克；或口服维生素C 25～30毫克。

二、有机磷农药中毒

有机磷农药中毒是由于接触、吸入或误食某种有机磷农药所致。有机磷农药的种类很多，主要有内吸磷（1059）、甲拌磷（3911）、敌百虫、马拉硫磷、乐果等。家禽对这类农药特别敏感，稍不注意，就会引起中毒，尤其是水禽。

1.识别要点

(1) 病因。中毒的途径较多，误食喷洒过农药的青绿植物或饮用了被农药污染的水；误食拌过或浸过农药的植物种子或被农药污染的饲料；敌百虫等农药驱除禽体表寄生虫时使用的浓度过大；敌敌畏等农药在禽舍内驱虫灭蚊等，都有可能导致有机磷农药中毒。

(2) 临床症状。最急性中毒可未见任何先兆而突然死亡。急性中毒表现为运动失调、盲目奔跑或飞跃、瞳孔缩小、流泪、流鼻液和流涎，食欲下降或废绝，频频排粪，呼吸困难，冠和肉髯呈紫蓝色。病后期转为沉郁，不能站立，抽搐，昏迷，最终衰竭死亡。

(3) 病理变化。病变主要表现为皮下或肌肉有出血点（图8-2-1）；嗉囊、腺胃、肌胃的内容物有大蒜味；胃肠黏膜充血、肿胀，易剥落；喉气管内充满带气泡的黏液；肺瘀血、水肿、胀大，腹腔积液；心肌、心冠脂肪有点状出血（图8-2-2）；肝、肾变性呈土黄色。

2.防治措施

(1) 预防措施。为了预防本病的发生，应用有机磷农药杀灭禽舍或家禽体表的寄生虫时应特别小心，剂量要准。农药喷洒过的禽舍和运动场，清扫后方可让禽进入。有机磷农药应远离饲料和水源保存。

图8-2-1　中毒鸡肌肉有出血点　　　图8-2-2　中毒鸡心肌、心冠脂肪有点状出血

（2）治疗措施。发生中毒时，应立即清除含毒物料，同时进行治疗。

①对症治疗。肌内注射硫酸阿托品，成鸡每只0.2～0.5毫升，对各种有机磷农药均有疗效。

②注射解毒剂如解磷定、氯磷定、双复磷等。解磷定，每只鸡肌内注射0.2～0.5毫升；双复磷，每千克体重40～60毫克，肌肉或皮下注射。

③经消化道引起的有机磷农药中毒，可喂服1%～2%的石灰水，成鸡每只5～10毫升；或1%硫酸铜及0.1%高锰酸钾溶液灌服，可将残留在消化道内的毒物转化为无毒物质。

④在饲料中添加维生素C，有助于病禽的康复。

三、维生素A缺乏症

维生素A缺乏症是维生素A长期摄入不足或吸收障碍所引起的一种慢性营养缺乏症，以夜盲、干眼病、角膜角化、生长缓慢、繁殖机能障碍及脑和脊髓受压迫为特征。各种家禽各个发育阶段均可发生。

1. 识别要点

（1）病因。原发性维生素A缺乏是由于家禽饲料中维生素A或维生素A原含量不足，导致家禽体内维生素A储备耗竭；饲料加工储存不当引起维生素A的破坏；雏禽快速发育及产蛋高峰以及疾病过程中维生素A需要量增加而致相对缺乏；饲料中含硝酸盐和亚硝酸盐过多，引起维生素A和维生素A原分解；饲料内中性脂肪和蛋白质不足、维生素A和胡萝卜素吸收不完全、参与维生素A运输的血浆脂蛋白合成减少等均可引起缺乏症。

（2）临床症状。

①幼禽缺乏维生素A，经6～7周可出现症状。病初，雏禽精神不振，羽毛蓬乱，生长停滞，流眼泪，眼睑内积聚黄白色干酪样物（图8-3-1），喙和小腿皮肤黄色消退。继而出现神经过敏和共济失调，常歪头。捕捉等刺激常引起间歇性神经症状发作，头扭转，转圈运动，同时作后退运动和惊叫。

②成年禽维生素A缺乏多见于产蛋期，呈慢性经过。病禽逐渐消瘦，体弱，羽毛蓬乱，步态不稳，产蛋量明显下降，孵化率也低。眼内蓄积乳白色干酪样分泌物，角膜软化或溃疡，上下眼睑常被黏着，外观似乎失明。

（3）病理变化。尸体剖检的主要变化是眼、消化道、呼吸道、泌尿生殖器官等上皮组织角化、脱落、坏死。雏禽鼻窦、喉头、气管上端有多量黏液性分泌物和少量干酪样物，食道上端至嗉囊口均有散在的粟粒大白色脓疱（图8-3-2）。在腹腔内，肝表面、心外膜、心包、肾外膜、肾盂和输尿管均有明显的白色尿酸盐沉积。

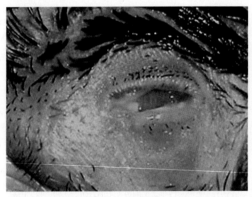

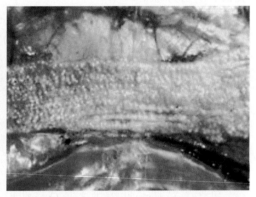

图8-3-1　维生素A缺乏病鸭眼睑内有干酪样物、角膜软化　　图8-3-2　病鸡食道有大量细小结节突出表面

2. 防控措施

（1）预防措施。主要在于平时加强饲养，除注意满足必需的蛋白质、脂肪、糖和矿物质外，还必须保证有足够的维生素A和维生素A原。

（2）控制措施。首先要改换饲料，供给富含胡萝卜素的饲料。雏鸡可在饲料中添加生肝块；也可将1～2毫升鱼肝油混于饲料中饲喂；并对角膜软化、溃疡等冲洗后涂以抗菌眼膏。

四、维生素D缺乏症

维生素D缺乏症是家禽日粮中维生素D供给不足、消化吸收障碍或光照不足所致的一种慢性进行性营养不良症。

1.识别要点　家禽饲料中维生素D含量长期不足、笼养期间光照不足或肾功能不全而对维生素D的转化能力降低等均可引起。

（1）病因。家禽体内维生素D主要来源于饲料和体内合成，日光照射可使维生素D_3原转变为维生素D_3。因此，维生素D缺乏，致使肠道吸收钙、磷量减少，血钙、血磷含量降低，骨中钙、磷沉积不足，乃至骨盐溶解，最后导致成骨作用障碍。幼禽表现为佝偻病，成年家禽发生骨质软化症。

（2）临床症状。雏禽患病时生长缓慢，健康不佳，行走困难、跛行、步态不稳、左右摇摆，常以跗关节蹲伏（图8-4-1），故有"佝偻病"或"软骨病"之称。嘴（喙）变形，指压即弯，故称"橡皮嘴"（图8-4-1）。产蛋母鸡产蛋率下降，蛋壳薄或产软壳蛋，腿软不能站立，呈"企鹅型"蹲伏姿势，嘴、爪和龙骨、胸骨变软，弯曲（图8-4-2）。

图8-4-1　维生素D缺乏症病鸭以跗关节着地蹲伏

图8-4-2　维生素D缺乏症病鸡爪变软、弯曲

（3）病理变化。肋骨与脊椎结合部、肋骨与肋软骨结合部以及肋骨的内侧表面有局限性肿大，并形成白色、突起的串珠状结节。X射线检查可见病禽长骨弯曲，自发性骨折，骨骺肿大，纤维性骨营养不良。

2.防控措施

（1）预防措施。加强饲养管理，给予充足的光照时间。在饲料中补充富含维生素的成分，钙磷比要适当；不要长期大量饲喂影响钙、磷吸收的物质，如磺胺类药物、四环素类药物等。

（2）控制措施。治疗可将维生素A及维生素D$_3$等添加到饲料中，每千克饲料添加量为5～60毫升，预防时添加量为每千克饲料500国际单位。

五、维生素E缺乏症

维生素E缺乏症是由于饲料中维生素E不足所致的一种营养代谢障碍综合征。维生素E与硒有密切关系，它们之间有一定的协同作用。因此，家禽饲料中如果维生素E与硒同时缺乏，则症状严重；如缺乏两者之一，则症状较轻。

1. 识别要点

（1）病因。饲料中缺乏富含维生素E的成分；饲料加工、储存过程中维生素E被氧化酶破坏；饲料中不饱和脂肪酸过多，其酸败时产生的过氧化物使维生素E氧化；维生素E相对需要量增加等。

（2）临床症状与病变。

①脑软化症。15～30日龄雏鸡多发。病雏鸡共济失调、站立不稳、行走摇摆、飞舞、喜后坐于胫关节上，躺倒于地面，头向后仰或向下弯曲，双腿痉挛（图8-5-1）。病理解剖呈现脑膜水肿，小脑肿胀柔软，表面有小出血点（图8-5-2），可见到黄绿色混浊样坏死区。

②渗出性素质。1月龄内雏鸡多发。患鸡皮下水肿，胸腹部皮下蓄积大量紫蓝色液体。病理剖检，病鸡胸部、腿部肌肉及肠壁有轻度出血。

③肌营养不良。常发生于2～3周龄的幼鸭。患鸭全身衰弱，肌肉萎缩，运动失调，站立，常引起大批死亡。病理剖检，胸肌和腿部肌肉中出现灰白色条纹，肌肉色泽苍白、贫血，故有"白肌病"之称。

图8-5-1　病雏鸡瘫痪，出现神经症状

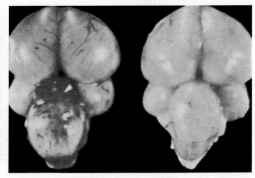

图8-5-2　病雏鸡小脑水肿，出血（右侧为正常对照）

2.防控措施

（1）预防措施。调整日粮，合理加工、储存饲料，减少饲料中不饱和脂肪酸的含量；多喂青绿饲料、谷物，饲料中加0.5%植物油，同时每千克饲料补充0.05～0.1毫克的硒制剂，或每千克饲料添加维生素E 10～20毫克，连用10～14天，即可预防本病。

（2）控制措施。治疗时，可给每只病鸡口服维生素E制剂300国际单位。

六、维生素B₁缺乏症

维生素B_1缺乏症是由于饲料中维生素B_1不足或饲料中含有干扰维生素B_1作用的物质所引起的一种营养缺乏症，临床表现以神经症状为特征。本病多发生于雏鸡。

1.识别要点

（1）病因。饲料中缺乏维生素B_1；慢性腹泻和急性腹泻影响小肠吸收维生素B_1；饲料中含维生素B_1酶或维生素B_1的拮抗物；饲料中含碱，造成维生素B_1的分解。

（2）临床症状。

①雏鸡发病较快，可在2周龄以前发病。病雏鸡发育不良，食欲减退，体温降低，体重减轻，羽毛松乱无光泽，腿无力，步态不稳，行走困难（图8-6-1）。初期以飞节着地行走，两翅展开以维持平衡，进而两腿发生痉挛，向后伸直，倒地而不能站立；然后，向上蔓延，翅、颈部伸肌发生痉挛，头向背侧极度挛缩，发生所谓"观星"姿势（图8-6-2），有的发生进行性麻痹，瘫痪倒地不起。成鸡发病较慢，可在3周时发病。病鸡的鸡冠呈蓝紫色，所产蛋的孵化率低，孵出的小雏亦呈现维生素B_1缺乏症，有的因无力破壳而死亡。病程为5～10天，

图8-6-1　维生素B_1缺乏雏鸡腿无力、行走困难　　图8-6-2　维生素B_1缺乏病鸡头向后仰，呈观星状

不予救治的多取死亡转归。病程较急的，甚至可2～3天死亡。

②对于病鸭，头部常偏向一侧，或团团打转，或漫无目的地奔跑，或抬头望天，或突然跳起，多为阵发性发作。在水中游泳时，常因此而被淹死。每次发作几分钟，一天发作几次，病情一次比一次严重，最后全身抽搐，呈角弓反张而死亡。

（3）病理变化。病理剖检，胃肠有炎症，十二指肠发生溃疡并萎缩。右侧心脏常扩张，心房较心室明显，生殖器官也发生萎缩，睾丸比卵巢明显。幼龄鸡皮下发生水肿，肾上腺肥大，母鸡比公鸡更明显。

2. 防控措施

（1）预防措施。预防本病主要是加强饲养管理，增喂富含维生素B_1的饲料，如青饲料、谷物饲料及麸皮等。雏鸡补充维生素B_1，每天2次，每次0.1毫克。用酵母代替亦可，但注意不要与其他碱性药物同用。

（2）控制措施。肌内注射维生素B_1针剂，每只鸡5毫克，疗效很好。对消化道疾病、发热等造成的维生素B_1缺乏，查准病因后，应对原发性疾病及时治疗。

七、维生素B_2缺乏症

1. 识别要点

（1）病因。家禽对维生素B_2的需要量较其他家畜要多，而能满足其需要量的饲料较少，体内细菌合成量又不能满足机体需要。因此，在缺乏青绿饲料的情况下，如不注意选择富含维生素B_2的饲料或不添加维生素B_2时，就很容易出现维生素B_2缺乏症。

（2）临床症状。小鸡维生素B_2缺乏的特征症状是趾蜷曲性瘫痪。根据病情的轻重可分为3种表现形式：第一种是患鸡以跗跖关节着地而蹲坐和趾稍弯曲（图8-7-1）；第二种是以腿的严重无力和一脚或两脚的趾明显弯曲为特征；第三种是以趾完全向内或向下弯曲和肢无力（图8-7-2），甚至以跗关节拖地行进为特征。病鸡始终保持食欲，后因行走困难、吃不到饲料而消瘦，少数病雏可发生腹泻。维生素B_2缺乏主要发生于雏鸡，成年鸡亦可患病，主要表现为产蛋率与孵化率下降，并与缺乏程度成正比。

图8-7-1　维生素B_2缺乏病鸡脚趾稍蜷曲

小火鸡和小鸭维生素B_2缺乏的症状与小鸡不同。小火鸡约在8日龄时发生皮炎，肛门有干痂附着、发炎和擦伤；约在17日龄时，发育迟滞或完全停止；约21日龄时开始发生死亡。小鸭常有腹泻和生长停止。小鹅症状与小鸡类似，表现为足趾内卷和瘫痪。

（3）病理变化。坐骨神经和臂神经显著肿大和变软，严重者比正常粗大4～5倍；胃肠道黏膜萎缩，肠道变

图8-7-2　维生素B_2缺乏病鸡脚趾完全蜷曲

薄，肠道中有多量泡沫状内容物；心冠脂肪消失，肝肿大呈紫红色。

2.防控措施

（1）预防措施。本病必须早期防治。雏禽一开食时就应喂标准配合日粮，或在每吨饲料中添加2～3克维生素B_2，即可预防本病发生。

（2）控制措施。群体发病治疗时，每500千克饲料加1 000克复方多维，每天每只再补加维生素B_2粉250微克拌料，连用5～7天。个别严重病鸡可用维生素B_2进行注射，每只鸡2.5毫克，每天1次，连注3天。

八、禽痛风

家禽痛风是由于核蛋白营养过剩或嘌呤核苷酸代谢障碍，尿酸盐形成过多和（或）排泄减少，在体内形成结晶并蓄积的一种代谢病。临床上以关节肿大、运动障碍和尿酸血症为特征。本病以鸡多见，其次是火鸡、水禽，偶见于鸽。

1.识别要点

（1）病因。一般认为是饲喂大量富含核蛋白和嘌呤碱的蛋白质饲料所致。属于这类的饲料有动物内脏、肉屑、鱼粉、大豆粉等。按尿酸盐的沉积部位和病因，可分为关节痛风和内脏痛风两种病型。

（2）临床症状。本病通常为慢性经过，急性死亡者甚少。病禽食欲减退，逐渐消瘦，运动迟缓，肉、冠苍白，羽毛蓬乱，脱毛，周期性体温升高，心跳加快，气喘，伴有神经症状及皮肤瘙痒，排白色尿酸盐，血液尿酸盐升高至150毫克/升以上。

（3）病理变化。

①关节型痛风。运动障碍，跛行，不能站立，腿和翅关节肿大，初期软而痛，界限不明显，以后肿胀逐渐变硬，微痛而形成樱桃大、核桃大乃至鸡蛋大

图8-8-1　病鸡关节肿胀

的结节。病程稍久，则结节软化或破溃，排出灰黄色干酪样物，局部形成溃疡。尸体解剖可见关节腔积有白色或淡黄色黏稠物。关节肿胀（图8-8-1），关节、关节软骨、关节周围组织、滑膜、腱鞘、韧带等部位有尿酸盐沉着，形成大小不等的结节。结节切面中央为白色或淡黄白色团块。

②内脏型痛风。临床上不易发现，多为慢性经过。主要表现为营养障碍，增重缓慢，产蛋减少，腹泻及血液中尿酸水平增高。剖检可见胸腹膜、肠系膜、心包、肺、肝、肾、肠浆膜表面布满石灰样粟粒大尿酸盐结晶（图8-8-2）。肾肿大或萎缩，外观灰白或散在白色斑点（图8-8-3），输尿管扩张，充满石灰样沉淀物。

图8-8-2　痛风病鸡肝、腹腔表面有白色石灰样物质附着

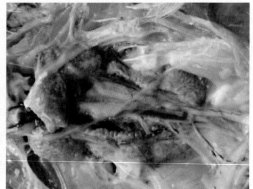

图8-8-3　痛风病鸡肾肿大、散在白色斑点

2.防控措施

（1）预防措施。预防要点在于减喂动物性蛋白饲料，控制在20%左右；调整日粮中钙磷比，添加维生素A，也有一定的预防作用；笼养鸡适当增加运动，亦可降低本病的发病率。

（2）控制措施。对本病的治疗，目前尚无有效的方法。关节型痛风，可手术摘除痛风石。为促进尿酸排泄，可试用阿托品或亚黄比拉宗，鸡0.2～0.5克内服，每天2次。

九、啄癖

啄癖又称异食癖、恶食癖，是鸡彼此互相啄食身体个别部位的一种恶癖。

1. 识别要点

（1）病因。

①鸡群密度过大、舍内及运动场拥挤、通风换气不良、温度及湿度过高等原因，容易造成鸡只烦躁，导致相互蚕食。这种情况在较大的雏鸡和青年鸡群中容易发生。

②不同日龄的鸡混群饲养，或引进有啄癖的新鸡，或向笼内补充新鸡以取代淘汰鸡时，常容易由于打斗受伤而导致啄癖的发生。

③舍内光线过强，蛋鸡产蛋后不能很好地休息，使泄殖腔难以复常，日久造成脱肛，引发啄肛。尤其在产蛋初期，由于初产鸡肛门括约肌紧张，有时微血管破裂、出血，在强烈的光照下，易引起其他鸡的注意，从而发生啄癖。

④饲料营养不全。饲料中食盐、某些微量元素、维生素、含硫氨基酸（蛋氨酸、胱氨酸）等的不足，易导致啄癖的发生。尤其是啄羽最为常见，因为在羽毛中含硫氨基酸最为丰富。另外，在限量饲养时鸡群处于饥饿状况或两次给料的间隔时间过长，均易造成啄癖的发生。

⑤寄生虫方面的因素。一些外寄生虫病引起局部发痒，致使禽只不断啄叨患部，甚至啄破出血，引起啄癖。

（2）症状与病变。常见的有啄肛、啄毛（图8-9-1）、啄头、啄尾（图8-9-2）、啄翅、啄蛋等恶癖，被啄破的部位一旦有出血，鸡群则争抢啄食，能迅速导致

图8-9-1　雏鸡翅膀被啄出血

图8-9-2　幼鸡尾部被啄出血

被啄鸡的死亡。即使不死，也对被啄鸡的发育、生产性能产生极大影响。

2.防控措施

（1）预防措施。

①隔离饲养。发现被啄鸡，应立即挑出，隔离饲养，尽快查出病因，及时治疗，控制啄癖蔓延。

②断喙。断喙是防止啄癖最有效的办法。一般在雏鸡5～8日龄时进行，70日龄再修喙1次。

③光线要适当。若光线过强，可将红色玻璃纸黏在玻璃窗上或用红色灯泡照明，均可避免啄癖。

④饲养密度要适宜。鸡舍保持通风良好，以排出氨气、硫化氢、二氧化碳等有害气体。这些气体浓度过大，易引起啄癖。

⑤提供营养全面的饲料。保证微量元素、维生素、食盐、氨基酸等的供给。

⑥给鸡戴眼罩。鸡眼罩是指如图8-9-3、图8-9-4所示的佩戴在鸡的头部以遮挡鸡眼正常平视光线的塑料制品，鸡戴上眼罩后只能斜视和看下方，不影响其采食、饮水和正常活动，但能防止饲养在一起的鸡群相互打架，相互啄毛，降低死亡率，提高养殖效益。

图8-9-4 戴眼罩的幼龄鸡

图8-9-3 戴眼罩的成年公鸡

（2）控制措施。发生啄癖时，应根据病因进行治疗。

①若因蛋白质不足，应马上添加动物性饲料（鱼粉），减少谷物饲料，增加粗纤维含量，多喂些糠麸及氨基酸等。

②如因矿物质不足，应适当补喂矿物质、骨粉、贝壳粉等，提高饲料中食盐含量（0.2%），连喂2～3天，并保证有足够的饮水。切不可将食盐加入饮水中，因为鸡的饮水量比采食量大，易引起中毒，而且会越饮越渴，越渴越饮。

③可加喂蛋氨酸、羽毛粉、啄肛灵、啄羽毛灵、核黄素、生石膏等。其中，以生石膏最有效，按2%～3%加入饲料中饲喂10～15天即可。

参考文献

黄银云, 胡新岗, 2012. 禽病防制 [M]. 北京: 中国农业科学技术出版社.

李生涛, 2009. 禽病防治 [M]. 2 版. 北京: 中国农业出版社.

刘光华, 刘汉明, 2016. 家禽疫病防治药品的使用原则 [J]. 当代畜牧 (14):128.

吕荣修, 2004. 禽病诊断彩色图谱 [M]. 北京: 中国农业大学出版社.

任锐吉, 吉风涛, 苏双, 等, 2014. 浅谈禽病的病理剖检诊断 [J]. 家禽科学 (10): 38-39.

王新华, 银梅, 靳冬, 等, 2013. 禽病检验与防治 [M]. 北京: 中国农业出版社.

王永坤, 高巍, 张建军, 等, 2015. 禽病诊断彩色图谱 [M]. 北京: 中国农业出版社.

杨慧芳, 2006. 养禽与禽病防治 [M]. 北京: 中国农业出版社.

张秀美, 2005. 禽病防治完全手册 [M]. 北京: 中国农业出版社.

图书在版编目（CIP）数据

家禽常见病识别与防治技术／黄银云主编．——
北京：中国农业出版社，2018.3
　江苏省新型职业农民培训教材
　ISBN 978-7-109-23899-2

　Ⅰ．①家…　Ⅱ．①黄…　Ⅲ．①禽病－防治－职业培训
－教材　Ⅳ．① S858.3

中国版本图书馆CIP数据核字（2018）第015763号

中国农业出版社出版
（北京市朝阳区麦子店街18号楼）
（邮政编码　100125）
责任编辑　徐　芳
文字编辑　张庆琼

中国农业出版社印刷厂印刷　新华书店北京发行所发行
2018年3月第1版　2018年3月北京第1次印刷

开本：720 mm×960 mm　1/16　印张：8.25
字数：160千字
定价：25.00元
（凡本版图书出现印刷、装订错误，请向出版社发行部调换）